好玩的数学
（修订版）

国家科学技术进步奖二等奖获奖丛书
总署"向全国青少年推荐的百种优秀图书"
科学时报杯"科学普及与科学文化最佳丛书奖"

张景中 主编

中国古算解趣

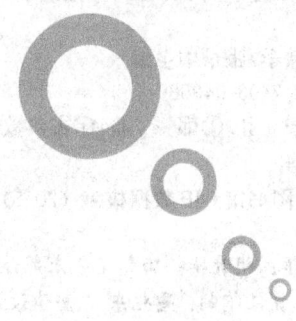

郁祖权 =著　黄澍 =插图

科学出版社
北京

内 容 简 介

本书以通俗艺术的形式介绍韩信点兵、苏武牧羊、李白沽酒等 40 余个中国古算名题；以题说法，讲解我国古代很有影响的一些数学方法，如更相减损法、出入相补法、大衍求一术等；以法传知，叙述这些算法的历史背景和实际应用，并对相关的中算典籍、著名数学家的生平及其贡献做了简要介绍。诗书画文结合，趣味浓厚，对中学、大学师生和数学爱好者有启迪和参考价值。

图书在版编目（CIP）数据

中国古算解趣／郁祖权著．—修订本．—北京：科学出版社，
2015.3

（好玩的数学／张景中主编）
ISBN 978-7-03-043580-4

Ⅰ.①中…　Ⅱ.①郁…　Ⅲ.①古典数学-中国-普及读物
Ⅳ.①O112-49

中国版本图书馆 CIP 数据核字（2015）第 044261 号

责任编辑：胡升华　田慧莹　朱萍萍／责任校对：刘亚靖
责任印制：吴兆东／整体设计：黄华斌

科学出版社 出版
北京东黄城根北街 16 号
邮政编码：100717
http://www.sciencep.com
天津市新科印刷有限公司印刷
科学出版社发行　各地新华书店经销

*

2015 年 4 月第 三 版　　开本：720×1000　1/16
2025 年 8 月第十四次印刷　印张：17 1/2
字数：274 000
定价：68.00 元
（如有印装质量问题，我社负责调换）

丛书修订版前言

"好玩的数学"丛书自2004年10月出版以来,受到广大读者欢迎和社会各界的广泛好评,各分册先后重印10余次,平均发行量近45 000套,被认为是一套叫好又叫座的科普图书。丛书致力于多个角度展示了数学的"好玩",将现代数学和经典数学中许多看似古怪、实则富有深刻哲理的内容最大限度地通俗化,努力使读者"知其然"并"知其所以然";尽可能地把数学的好玩提升到了更为高雅的层次,让一般读者也能领略数学的博大精深。

丛书于2004年获科学时报杯"科学普及与科学文化最佳丛书奖",2006年又被国家新闻出版总署列为"向全国青少年推荐的百种优秀图书"之一,2009年荣获"国家科学技术进步奖二等奖"。但对于作者和编者来说,最高的奖励莫过于广大读者的喜爱关心。十年来,收到不少热心读者提出的意见和修改建议,数学研究领域和科普领域也都有了新的发展,大家感到有必要对书中的内容进行更新和补充。要感谢各位在耄耋之年仍俯首案牍、献身科普事业的作者,他们热心负责地对自己的作品进一步加工,在"好玩的数学(普及版)"的基础上进行了修订和完善。出版社借此机会将丛书改为B5开本,以方便读者阅读。

感谢多年来关心本套丛书的广大读者和各界人士,欢迎大家提出批评建议,共同促进科普事业繁荣发展。

编 者
2015年3月

第一版总序

2002年8月在北京举行国际数学家大会（ICM2002）期间，91岁高龄的数学大师陈省身先生为少年儿童题词，写下了"数学好玩"4个大字。

数学真的好玩吗？不同的人可能有不同的看法。

有人会说，陈省身先生认为数学好玩，因为他是数学大师，他懂数学的奥妙。对于我们凡夫俗子来说，数学枯燥，数学难懂，数学一点也不好玩。

其实，陈省身从十几岁就觉得数学好玩。正因为觉得数学好玩，才兴致勃勃地玩个不停，才玩成了数学大师。并不是成了大师才说好玩。

所以，小孩子也可能觉得数学好玩。

当然，中学生或小学生能够体会到的数学好玩，和数学家所感受到的数学好玩，是有所不同的。好比象棋，刚入门的棋手觉得有趣，国手大师也觉得有趣，但对于具体一步棋的奥妙和其中的趣味，理解的程度却大不相同。

世界上好玩的事物，很多要有了感受体验才能食髓知味。有酒仙之称的诗人李白写道："但得此中味，勿为醒者传。"不喝酒的人是很难理解酒中乐趣的。

但数学与酒不同。数学无所不在。每个人或多或少地要用到数学，要接触数学，或多或少地能理解一些数学。

早在2000多年前，人们就认识到数的重要。中国古代哲学家老子在《道德经》中说："道生一，一生二，二生三，三生万物。"古希腊毕达哥拉斯学派的思想家菲洛劳斯说得更加确定有力："庞大、万能和完美无缺是数字的力量所在，它是人类生活的开始和主宰者,是一切事物的参与者。没有数字,一切都是混乱和黑暗的。"

既然数是一切事物的参与者,数学当然就无所不在了。

在很多有趣的活动中,数学是幕后的策划者,是游戏规则的制定者。

玩七巧板,玩九连环,玩华容道,不少人玩起来乐而不倦。玩的人不一定知道,所玩的其实是数学。这套丛书里,吴鹤龄先生编著的《七巧板、九连环和华容道——中国古典智力游戏三绝》一书,讲了这些智力游戏中蕴含的数学问题和数学道理,说古论今,引人入胜。丛书编者应读者要求,还收入了吴先生的另一本备受大家欢迎的《幻方及其他——娱乐数学经典名题》,该书题材广泛、内容有趣,能使人在游戏中启迪思想、开阔视野,锻炼思维能力。丛书的其他各册,内容也时有涉及数学游戏。游戏就是玩。把数学游戏作为丛书的重要部分,是"好玩的数学"题中应有之义。

数学的好玩之处,并不限于数学游戏。数学中有些极具实用意义的内容,包含了深刻的奥妙,发人深思,使人惊讶。比如,以数学家欧拉命名的一个公式

$$e^{2\pi i}=1$$

这里指数中用到的 π,就是大家熟悉的圆周率,即圆的周长和直径的比值,它是数学中最重要的一个常数。数学中第 2 个重要的常数,就是上面等式中左端出现的 e,它也是一个无理数,是自然对数的底,近似值为 $2.718281828459\cdots$。指数中用到的另一个数 i,就是虚数单位,它的平方等于 -1。谁能想到,这 3 个出身大不相同的数,能被这样一个简洁的等式联系在一起呢?丛书中,陈仁政老师编著的《说不尽的 π》和《不可思议的 e》(此二书尚无学生版——编者注),分别详尽地说明了这两个奇妙的数的来历、有关的轶事趣谈和人类认识它们的漫长的过程。其材料的丰富详尽,论述的清

楚确切，在我所知的中外有关书籍中，无出其右者。

如果你对上面等式中的虚数 i 的来历有兴趣，不妨翻一翻王树和教授为本丛书所写的《数学演义》的"第十五回 三次方程闹剧获得公式解　神医卡丹内疚难舍诡辩量"。这本章回体的数学史读物，可谓通而不俗、深入浅出。王树和教授把数学史上的大事趣事憾事，像说评书一样，向我们娓娓道来，使我们时而惊讶、时而叹息、时而感奋，引来无穷怀念遐想。数学好玩，人类探索数学的曲折故事何尝不好玩呢？光看看这本书的对联形式的四十回的标题，就够过把瘾了。王教授还为丛书写了一本《数学聊斋》（此次学生版出版时，王教授对原《数学聊斋》一书进行了仔细修订后，将其拆分为《数学聊斋》与《数学志异》二书——编者注），把现代数学和经典数学中许多看似古怪而实则富有思想哲理的内容，像《聊斋》讲鬼说狐一样最大限度地大众化，努力使读者不但"知其然"而且"知其所以然"。在这里，数学的好玩，已经到了相当高雅的层次了。

谈祥柏先生是几代数学爱好者都熟悉的老科普作家，大量的数学科普作品早已脍炙人口。他为丛书所写的《乐在其中的数学》，很可能是他的封笔之作。此书吸取了美国著名数学科普大师伽德纳 25 年中作品的精华，结合中国国情精心改编，内容新颖、风格多变、雅俗共赏。相信读者看了必能乐在其中。

易南轩老师所写的《数学美拾趣》一书，自 2002 年初版以来，获得读者广泛好评。该书以流畅的文笔，围绕一些有趣的数学内容进行了纵横知识面的联系与扩展，足以开阔眼界、拓广思维。读者群中有理科和文科的师生，不但有数学爱好者，也有文学艺术的爱好者。该书出版不久即脱销，有一些读者索书而未能如愿。这次作者在原书基础上进行了较大的修订和补充，列入丛书，希望能满足这些读者的心愿。

好玩的数学
中国古算解趣

世界上有些事物的变化，有确定的因果关系。但也有着大量的随机现象。一局象棋的胜负得失，一步一步地分析起来，因果关系是清楚的。一盘麻将的输赢，却包含了很多难以预料的偶然因素，即随机性。有趣的是，数学不但长于表达处理确定的因果关系，而且也能表达处理被偶然因素支配的随机现象，从偶然中发现规律。孙荣恒先生的《趣味随机问题》一书，向我们展示出概率论、数理统计、随机过程这些数学分支中许多好玩的、有用的和新颖的问题。其中既有经典趣题，如赌徒输光定理，也有近年来发展的新的方法。

中国古代数学，体现出算法化的优秀数学思想，曾一度辉煌。回顾一下中国古算中的名题趣事，有助于了解历史文化，振奋民族精神，学习逻辑分析方法，发展空间想像能力。郁祖权先生为丛书所著的《中国古算解趣》，诗、词、书、画、数五术俱有，以通俗艺术的形式介绍韩信点兵、苏武牧羊、李白沽酒等40余个中国古算名题；以题说法，讲解我国古代很有影响的一些数学方法；以法传知，叙述这些算法的历史背景和实际应用，并对相关的中算典籍、著名数学家的生平及其贡献做了简要介绍，的确是青少年的好读物。

读一读《好玩的数学》，玩一玩数学，是消闲娱乐，又是学习思考。有些看来已经解决的小问题，再多想想，往往有"柳暗花明又一村"的感觉。

举两个例子：

《中国古算解趣》第37节，讲了一个"三翁垂钓"的题目。与此题类似，有个"五猴分桃"的趣题在世界上广泛流传。著名物理学家、诺贝尔奖获得者李政道教授访问中国科学技术大学时，曾用此题考问中国科学技术大学少年班的学生，无人能答。这个问题，据说是由大物理学家狄拉克提出的，许多人尝试着做过，包括狄拉克本人在内都没有找到很简便的解法。李政道教授说，著名数理逻辑学家和哲学家怀德海曾用高阶差分方程理论中通解和特解的关系，给出一个巧妙的解法。其实，仔细想想，有一个十分简单有趣的解法，小学生都不难理解。

原题是这样的：5只猴子一起摘了1堆桃子，因为太累了，它们商量决定，先睡一觉再分。

过了不知多久，来了1只猴子，它见别的猴子没来，便将这1堆桃子平均分成5份，结果多了1个，就将多的这个吃了，拿走其中的1堆。又过了不知多久，第2只猴子来了，它不知道有1个同伴已经来过，还以为自己是第1个到的呢，于是将地上的桃子堆起来，平均分成5份，发现也多了1个，同样吃了这1个，拿走其中的1堆。第3只、第4只、第5只猴子都是这样……问这5只猴子至少摘了多少个桃子？第5个猴子走后还剩多少个桃子？

思路和解法：题目难在每次分都多1个桃子，实际上可以理解为少4个，先借给它们4个再分。

好玩的是，桃子尽管多了4个，每个猴子得到的桃子并不会增多，当然也不会减少。这样，每次都刚好均分成5堆，就容易算了。

想得快的一下就看出，桃子增加4个以后，能够被5的5次方整除，所以至少是3125个。把借的4个桃子还了，可知5只猴子至少摘了3121个桃子。

容易算出，最后剩下至少 $1024-4=1020$ 个桃子。

细细地算，就是：

设这1堆桃子至少有 x 个，借给它们4个，成为 $x+4$ 个。

5个猴子分别拿了 a, b, c, d, e 个桃子（其中包括吃掉的一个），则可得

$$a=(x+4)/5$$
$$b=4(x+4)/25$$

$$c = 16(x+4)/125$$
$$d = 64(x+4)/625$$
$$e = 256(x+4)/3125$$

e 应为整数,而 256 不能被 5 整除,所以 $x+4$ 应是 3125 的倍数,所以

$$x+4 = 3125k \ (k \text{ 取自然数})$$

当 $k=1$ 时,$x=3121$。

答案是,这 5 个猴子至少摘了 3121 个桃子。

这种解法,其实就是动力系统研究中常用的相似变换法,也是数学方法论研究中特别看重的"映射-反演"法。小中见大,也是数学好玩之处。

在《说不尽的π》的 5.3 节,谈到了祖冲之的密率 355/113。这个密率的妙处,在于它的分母不大而精确度很高。在所有分母不超过 113 的分数当中,和 π 最接近的就是 355/113。不但如此,华罗庚在《数论导引》中用丢番图理论证明,在所有分母不超过 336 的分数当中,和 π 最接近的还是 355/113。后来,在夏道行教授所著《π 和 e》一书中,用连分数的方法证明,在所有分母不超过 8000 的分数当中,和 π 最接近的仍然是 355/113,大大改进了 336 这个界限。有趣的是,只用初中里学的不等式的知识,竟能把 8000 这个界限提高到 16500以上!

根据 $\pi = 3.1415926535897\cdots$,可得 $|355/113 - \pi| < 0.00000026677$,如果有个分数 q/p 比 355/113 更接近 π,一定会有

$$|355/113 - q/p| < 2 \times 0.00000026677$$

也就是

$$|355p - 113q|/113p < 2 \times 0.00000026677$$

因为 q/p 不等于 355/113,所以 $|355p - 113q|$ 不是 0。

但它是正整数，大于或等于 1，所以
$$1/113p < 2 \times 0.00000026677$$
由此推出
$$p > 1/(113 \times 2 \times 0.00000026677) > 16586$$

这表明，如果有个分数 q/p 比 355/113 更接近 π，其分母 p 一定大于 16586。

如此简单初等的推理得到这样好的成绩，可谓鸡刀宰牛。

数学问题的解决，常有"出乎意料之外，在乎情理之中"的情形。

在《数学美拾趣》的 22 章，提到了"生锈圆规"作图问题，也就是用半径固定的圆规作图的问题。这个问题出现得很早，历史上著名的画家达·芬奇也研究过这个问题。直到 20 世纪，一些基本的作图，例如已知线段的两端点求作中点的问题（线段可没有给出来），都没有答案。有些人认为用生锈圆规作中点是不可能的。到了 20 世纪 80 年代，在规尺作图问题上从来没有过贡献的中国人，不但解决了中点问题和另一个未解决问题，还意外地证明了从 2 点出发作图时生锈圆规的能力和普通规尺是等价的。那么，从 3 点出发作图时生锈圆规的能力又如何呢？这是尚未解决的问题。

开始提到，数学的好玩有不同的层次和境界。数学大师看到的好玩之处和小学生看到的好玩之处会有所不同。就这套丛书而言，不同的读者也会从其中得到不同的乐趣和益处。可以当做休闲娱乐小品随便翻翻，有助于排遣工作疲劳、俗事烦恼；可以作为教师参考资料，有助于活跃课堂气氛、启迪学生心智；可以作为学生课外读物，有助于开阔眼界、增长知识、锻炼逻辑思维能力。即使对于数学修养比较高的大学生、研究生甚至数学研究工作者，也会开卷有益。数学大师华罗庚提倡"小敌不侮"，上面提到的两个小题目都有名家做过。丛书中这类好玩的小问题比比皆是，说不定有心人还能从中挖出宝矿，有所斩获呢。

啰嗦不少了，打住吧。谨以此序祝《好玩的数学》丛书成功。

张景中

2004年9月9日

第三版前言

甲午岁末，接到科学出版社电话，告知本书出第三版，我十分高兴。

甲申深秋，第一版发行，至今已整整十年。十年前，出版社安排丛书作者分别与各地读者见面，为了突出陈省身先生的题词，我请本书的作者之一、近九十高龄的书法家黄㵑教授书写"数学好玩"并制成幻灯片，先后在南京、杭州、合肥公开讲课。我讲课的题目是《数学好玩》，分四个故事："老苏武月下思故乡，李太白酒里有文章，小韩信神机人莫测，祖冲之妙算惊四方。"

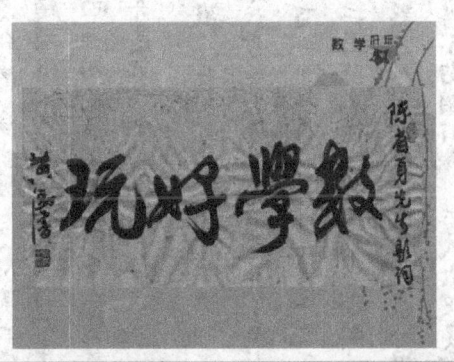

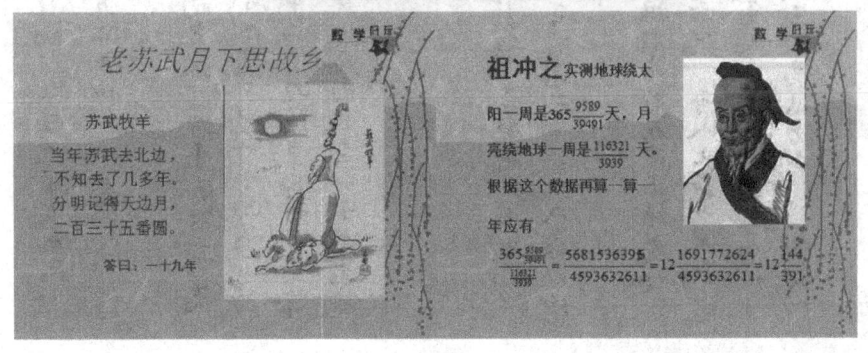

在合肥，当我讲"韩信点兵"："三三数之剩二，五五数

之剩三，七七数之剩二，问物几何？"刚把题目解释完，就有一个初中小男孩举手说："我做出来了！"我问他："你怎么做的？"他很高兴地说："三三数之剩二，七七数之剩二，我把 3×7=21，再加 2 得 23，拿 5 来除，正好余 3。得数就是 23"全场惊奇！大家都用羡慕的眼光看着这个稚嫩、憨厚的小孩，安徽电视台第一时间作了报道，家长们也纷纷议论"数学真是好玩"。

安徽黄山，古称徽州，文化底蕴深厚。明清时期，中国数学有下坡的趋势，但皖南独兴，出了程大位、戴震、汪莱、梅文鼎、江永等数学大师，特别是程大位的珠算，几乎人人都学。我从图书馆的老资料里找到清末民初一位老师的教学笔记，内容丰富，在那个时代，教到这样的程度还是不多的。

本书出版以后，编委会的老友、同行和家长、学生屡有沟通交流，"玩数学"收获颇丰。数学老玩家俞润汝先生介绍他60年前玩"韩信点兵"的心得，汪亚森老师传授祖传秘法"撞十数"，郭启庶教授积极进行"优因数学"的教学实验，主张选择中西数学的优秀基因、范式来构建简易、高效、现代化的数学课程结构，还有罗会煊家代代相传的移子游戏……这些玩数学的热闹场面在二版里均作了简要介绍。数学已经玩、学、教结合，推进了数学教育的现代化。

我已进入了耄耋之年，现在还可以做点关心下一代的工作，娃娃们的数学题库里，好玩的东西也很多。本书出版以后，有老朋友跟我说："写深了，要选点孩子们遇到的题，调动他们的兴趣。"这个意见很对，本版在这方面努力做些改进，把孩子们遇到的难题、趣事再做些补充。

我非常敬重的老师、挚友和讲坛伴侣黄澍教授，于2013年辞世，享年97岁。他仿丰子恺的笔法，为算题绘制了栩栩如生的插画，成为留给下一代的永久的纪念，在此深表哀悼。

作　者

2015年2月4日

第二版前言

本书自 2004 年 10 月出版以来已重印五次,印数超过两万册,实在是没有想到的事。在此期间,许多读者给我来信,有些数学的"老玩家"还把他们玩数学的成果寄给我。他们改进古法,别有创新,我也从中受到教育,获益匪浅。科学出版社科学人文出版中心主任胡升华先生告诉我,本书要修订出第二版,还要压缩字数。不管怎样,友人的成果要介绍,坎坷的经历也要说说,"众人拾柴火焰高",希望我们国家"玩数学"之风能够日益兴盛。

上海俞润汝先生是抗美援朝的老战士,1956 年中国医科大学的毕业生,数学玩得很高明。他改进了"韩信点兵"的古法,独创了"32 阶全息幻方",在数论领域内还捕捉了一些"漏网之鱼"。他通过本丛书作者之一的吴鹤龄先生找到我,细谈了他的韩信点兵新法,还送我几本他自费编印、供青少年阅读的小册子《数学粒屑集》等,内容珍贵。征得他本人同意,乘再版之机,向读者作一介绍,也体现古法的与时俱进。

20 世纪 40 年代初,徽州名师罗会煌先生是"移子游戏"的大玩家,无人匹敌。在本丛书之一《乐在其中的数学》里,谈祥柏先生介绍了此游戏的历史背景,很有意思。此法出自中国,清朝顺治年间就有许多文人雅士玩此游戏,但都未求得普遍的结果。我年轻时曾将罗先生的玩法作过改进,直观易记,不要做什么数学分析,大人、小孩都能玩,这对训练小孩的观察力、记忆力、思维力和空间想象力都大有好处。受谈祥柏先生的启示,把我的方法也说一说,也算是

"一戏多玩"吧。

  早在民国初年，歙县汪介梅先生花钱在浙江学会了无诀珠算除法"撞十数"，不用口诀，见子打子，快速如飞。20世纪50年代末"大跃进"时期，他的儿子汪亚森将此法公之于世，作为大学生的科研成果，曾经轰动一时，《光明日报》、《中国青年报》和《安徽日报》都作过报道。几十年来，我们一起从事此法的教学、推广工作，帮助成千上万的财会人员过珠算等级测试中的"除法"关。现在珠算不用了，但此法的思想适用于各种进位制，"利用补数，以加代除"就是计算机除法的思路，比现行计算机书籍中介绍的补除都简便，应该看作是我们民族的非物质文化遗产，介绍出来，可以古为今用。

  限于篇幅，不作过多补充，对原书不太好玩的内容作了一些删减。感谢同行的帮助与鼓励，感谢读者的支持。对书中错误和不当之处，敬请批评指正。

作 者
2007年11月19日

第一版前言

本书从动议到脱稿已经18年了。

1986年黄山市程大位纪念馆建成，举行开馆典礼，同时举行纪念程大位逝世380周年学术会议。国内外许多专家学者如白尚恕、沈康身、李迪、李培业以及日本友人铃木久男等出席会议，交流研究成果、商讨珠算教育、算史研究、等级测试等有关事宜。李培业教授校注的《算法纂要校释》由安徽教育出版社出版，正式发行。同时决定出版《算法统宗》的校释本，开展明清时期皖南数学史的研究活动，重点探讨程大位、戴震、汪莱、梅文鼎、江永等人的数学成就和对社会的贡献。在此期间，原安徽科技出版社总编孙述庆先生认为《算法统宗》"难题"一章搜集了我国古代对儿童进行数学启蒙教育的名题，几百年长盛不衰，现在已日趋淡薄，希望能出一本小册子重点加以介绍，让这些群众喜闻乐道的趣题能够保存下来，并建议书名为《中国古算解趣》，以中小学生为对象，突出思想性、知识性和趣味性，不就题论题，而结合历史文化背景讲解，借以进行爱国主义教育和数学思想方法的教育；拓宽知识面，借题发挥，把古代一些有用的数学方法、理论成果结合起来，配合中小学的数学学习，推进素质教育；适当配一点插画，增强可读性和趣味性。黄澍先生是我国书画名家，又是数学教授，请他仿丰子恺的笔法画几张插画，使栩栩如生的古人跃然纸上，让这本小册子具备诗、词、书、画、数五术俱有的韵味。这件事虽有点难，但却是一件好事，我们二人就将这个任务接受下来。白尚恕、沈康身、李迪、李培业、胡炳生等中算史专家多次到屯溪调研和交流学术，并将他们的研究成果赠送给我们，这些珍贵的礼物使我们获益匪浅。

另一方面，我们长时期从事大、中学校的数学教育，也感到这块阵地上"中算史"的教育亟待加强。这不光是进行爱国主义的思想教育，更应该拓宽我国传统数学的教育渠道，中西结合，在比较中提高。早在20世纪50年代初，胡术五、罗运楷、黄澍等在皖南屯溪中学任教，他们是中学教育界的名师，古算功底很深。也许是兴趣关系，他们断续地做过一些研究。60年代中期，胡退休在屯溪，应余介石先生之约，对《算经十书》《梅氏丛书辑要》《勾股举隅》等作了一些校点，对程大位、戴震、汪莱等的故里会同黄澍作了多次调查。1978年，安徽省数学会在旌德召开第二次年会，这是改革开放后的第一次大会，盛况空前，吴文俊、江泽涵等著名数学家出席会议。吴作了《希尔伯特的几何基础——兼谈中国古代数学的历史地位》的学术报告，历时4个小时，感人至深，特别是对中国古算的现代意义有了新的诠释。其时，吴先生在数学证明机械化方面，已取得了突破性的进展。嗣后，我们将报告录音整理成文，并经吴先生审阅同意，印发给黄山市数学会的所有会员，大家都觉得在中学应加强中算史知识的教育。教育部最近颁布新的课程标准，数学史已列入选修内容，可算是众望所归。鉴于这样的背景，写此书既是压力，也是学习，更是机遇。

在取材方面，遵从述庆先生的意见，适当拓宽，结合中小学生的实际，把民间常用的算理算法向上一层次推进。以题引知，以点带面，对古算中常用的更相减损术、今有术、衰分术、方程术、盈不足术、大衍求一术和勾股术等都做了通俗易懂的介绍，注意古为今用、古今结合。不涉及高深领域，初高中学生能读懂全书；门槛很低，小学生也能跨进。在讲题之余，还用一定篇幅介绍民间速算、巧算的方法，这不是雕虫小技、节外生枝，而是为了从小训练数学思维能力和空间想象力。让中算"寓理于算，不证自明"的功夫能在下一代身上收到潜移默化的效果。

说句实在话，我们的古算功底浅薄，基本上是"边学边卖"。几位友人的赠书是导航的明灯，指引我们突破了不少难点。因为我们对中小学生的情况比较了解，做二传手可以保证到位。这样，专家们的成果可输送到平民百姓之中，可以走到课外，走进家庭，走到"茶馆式"的教学餐桌，老少同堂，共探祖国的传统数学"难题"。

本书的写作得到很多人的帮助。孙老，最早的策划者，如今已经退休；胡升华先生继其后，不断鼓励敦促，使18年前的设想终于实现。中国珠算协会会长朱希安先生，安徽省珠算协会会长许遵普先生十几年来一直关注我们的工作，创造条件邀请我们参加学会活动，使我们结识了许多学者专家；安徽省教育厅老领导王世杰先生一直关注本书的写作，鼓励我们把书写好；省教育厅、黄山学院的领导和同志们更是全力支持。今天能够交稿，确是大家帮助的结果。年事已高，力不从心，许多事也靠家人的支持，在此一并致谢。稿纸一交，了却一个心愿，颇以为慰，但愿对孩子们有点帮助。

作　者

2004年8月23日

目 录

丛书修订版前言
第一版总序
第三版前言
第二版前言
第一版前言

01	苏武牧羊 ···	1
	老苏武月下思故乡	
02	粒米求程 ···	4
	一个考题的背景	
03	排鱼求数 ···	8
	我国古代的计量制度	
04	三藏取经 ···	11
	数的传说	
05	洛书释数 ···	15
	杨辉和他的纵横图	
06	竿索求长 ···	20
	筹算和珠算	
07	撞十补除 ···	23
	撞十数流传百年	
08	方田求积 ···	28
	九章算术	
09	凫雁相逢 ···	32
	刘徽——中国第一代知名数学家	
10	书生分卷 ···	36
	胡术五、黄澍寻访程大位故居	

11 以碗知僧 ································· 40
　珠算一代宗师——程大位

12 五渠灌水 ································· 44
　更相减损术

13 三女归宁 ································· 48
　最小公倍数

14 环山相会 ································· 51
　从"三女归宁"到"环山相会"
　五星同会

15 三兵巡营 ································· 57
　求周期

16 船缸均载 ································· 62
　娃娃题难倒研究生

17 圆田求积 ································· 68
　刘徽割圆

18 系羊问索 ································· 73
　珠算宝典——算法统宗

19 推车问里 ································· 77
　连分数
　祖冲之妙算惊四方

20 僧分馒头 ································· 85
　"生金蛋的母鸡"——今有术

21 客去忘衣 ································· 93
　牛吃草问题

22 互易推本 ································· 99
　苏东坡百鸟之谜

23 诵课倍增 ································· 104
　吴敬与九章算法比类大全

24 三等赔偿 ································· 107
　衰分述简介

25 浮屠增级 ……………………………………… 112
　　郭启庶和他的数学教学优因工程

26 李白沽酒 ……………………………………… 115
　　李太白酒里有文章

27 群羊逐草 ……………………………………… 121
　　一次假设法

28 隔墙分银 ……………………………………… 126
　　万能算法——盈不足术

29 蒲莞同高 ……………………………………… 131
　　二次假设法

30 双鼠穿垣 ……………………………………… 137
　　盈不足术的应用与探究

31 雉兔同笼 ……………………………………… 145
　　我国古代的方程理论

32 物不知数 ……………………………………… 151
　　小韩信神机人莫测
　　孙子算经

33 古算摘奇 ……………………………………… 155
　　二谈"数不知数"

34 韩信点兵 ……………………………………… 159
　　孙子定理

35 三偷盗米 ……………………………………… 165
　　"大衍求一术"浅说

36 太平莲灯 ……………………………………… 175
　　俞润汝解韩信点兵

37 百鸡问题 ……………………………………… 181
　　时日醇勤奋治学
　　陈景润解"百鸡问题"

38 獐兔鼠歌 ……………………………………… 186
　　更相减损法和二元一次不定方程

39 三翁垂钓 ··· 193
　　五猴分桃
　　马克思解不定方程

40 移子相间 ··· 198
　　历史悠久的移子游戏

41 戏放风筝 ··· 203
　　刘徽、赵爽证勾股定理

42 葭生中央 ··· 208
　　欧几里得证勾股定理

43 竹折抵地 ··· 213
　　张丘建算经

44 三斜求积 ··· 216
　　吴文俊证秦九韶三斜求积公式

45 窥望海岛 ··· 221
　　解密星期几

46 望敌远近 ··· 230
　　徐光启遗憾三百年

47 临台测水 ··· 233
　　趣谈杨辉三角

48 遥度圆城 ··· 239
　　王守义和数书九章新释

参考文献 ··· 244
附　录 ·· 245

01 苏武牧羊

当年苏武去北边　不知去了几周年
分明记得天边月　二百三十五番圆
答曰：一十九年

选自《算法统宗》

好玩的数学

中国古算解趣

苏武是西汉的使者，在公元前 100 年奉命出使匈奴，被匈奴扣留并多方威胁诱降，始终坚贞不屈，大义凛然。后被流放北海（今贝加尔湖）牧羊，生活非常艰苦，不知过了多少年月，只记得天上月亮整整圆了 235 次，问苏武流放了多少年？

这是一个简单的小学数学题，用算式表示就是

$$235 \div 12 = 19 \cdots\cdots 7$$

本题不能答为十九年零七个月。因为根据中国农历十九年应有七个闰月，所以苏武在北海流放了十九年，直到匈奴与汉朝和好才遣送回国。

古往今来　　老苏武月下思故乡

汉武帝派苏武出使匈奴，匈奴单于动员他叛国留匈，给以高官厚禄，他断然拒绝，被流放北海，度日如年。他白天拿着使节放羊，晚上抱着使节数月亮，年岁日久，使节上的红穗都掉光了，成为一根光棍子。汉武帝虽然多次与匈奴交涉，要求放回苏武，匈奴都说"苏武死了"。武帝死后，昭帝登基，他在一次打猎时，发现一只大雁的脚爪上挂了一条很长的红绸带子，上面有苏武写给汉武帝的信，表明他想回国的愿望。几经交涉，终于放他回来。40 岁的中年人出使匈奴，归来时已白发苍苍，发出感慨"分明记得天边月，二百三十五番圆"。

这本来是十九年零七个月，为什么是"十九年呢?"

这是一个必须解决的实际问题，千百年来汇集了几十代数学家、天文学家的智慧和心血。

大家知道，地球绕太阳一周所需的日数为一年。月亮绕地球一周所需的日数为一月。通常认为一年是 360 天，一月是 30 天，这样一年共有 $360 \div 30 = 12$ 个月。其实这是很不精确的数据。

我国对历法的研究有着悠久的历史，积累了大量的数据，有丰硕的研究成果。秦始皇统一六国以后，根据长期观测的数据，定一年为 $365\frac{1}{4}$ 天，一月为 $29\frac{499}{940}$ 天。依据这个结果颁布了统一的历法，叫颛顼历（颛顼，zhuān xū 是传说中古代部族的领袖，号高阳氏。实际上颛顼

历在周朝末年已经制定,秦朝统一施行)。这样一年应有

$$\frac{365\frac{1}{4}}{29\frac{499}{940}} = \frac{343335}{27759} = 12\frac{10227}{27759} = 12\frac{7}{19} \qquad (1\text{-}1)$$

个月。这个结果告诉我们,苏武在匈奴 235 个月恰好是 19 年。

读读练练　　　　**练　习　题**

1. 某月内有三个星期天的日期都是偶数。这个月的 15 号是(　　)
　A. 星期一　　B. 星期三　　C. 星期五　　D. 星期六

2. 约简下列分数:

(1) $\dfrac{10227}{27759}$;　　　　(2) $\dfrac{1691772624}{4593632611}$

答案:(1) $\dfrac{7}{19}$;(2) $\dfrac{144}{391}$

提示:参看"更相减损法"。

02 粒米求程

庐山山高八十里　山峰峰上一黍米
黍米一转止三分　几转转到山脚底
答曰：四百八十万转

选自《算法统宗》

本题是说庐山从山顶到山脚有一条80里长的道路，山顶上有一粒黍米，滚动一周，行程3分，问沿着这条路滚到山脚底，共转了多少周？

需要说明的是，这是一个明代的题，取明朝的度量制度，1步＝5尺，1里＝360步。

解 因为，1里＝360步，1步＝5尺＝500分

$$80 \times 360 \times 500 \div 3 = 4800000（转）$$

所以，黍米转了480万转。

民间趣事　　一个考题的背景

经过十年"文化大革命"，高考于1977年恢复，深受人们的欢迎，二十年来，为国家选拔了大量人才，但同时要求改革这"一考定终身"制度的呼声也越来越高。1998年开始实行保送生制度，高校对保送生进行综合测试，在这第一年的测试卷里，我见到了一个求"月亮自转周期"的题目，很有意思。原题是：

若近似认为月球绕地公转与地球绕日公转的轨道在同一平面内，且

均为正圆，又知这两种转动同向，如图 2-1 所示。月相变化的周期为 29.5 天（下图是相继两次满月时，月、地、日相对位置的示意图）。求月球绕地球一周所用的时间 T（因月球总是一面朝向地球，故 T 恰是月球自转周期）。

(1998 年高校保送生综合测试题)

这个题目很好，但不算太难。

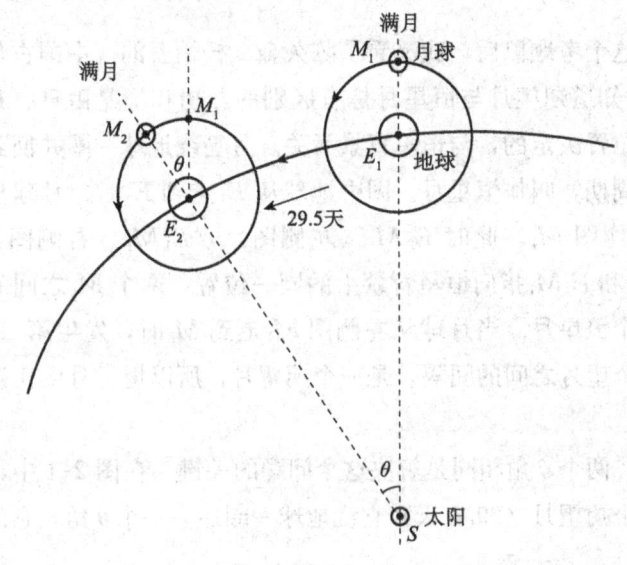

图 2-1

解 当地球从 E_1 转到 E_2 时，用了 29.5 天，月球沿着它的轨道从第一个圆的 M_1 转了一圈到第二个圆的 M_2 的位置，一共转了 $360°+\theta$，因此，转 $1°$ 需要

$$\frac{29.5}{360+\theta} (天) \qquad (1)$$

转一周（$360°$）所需的天数就是周期 T

$$T = \frac{29.5 \times 360}{360+\theta} (天) \qquad (2)$$

这里只要把 θ 算出来代入就行了。

∵ $\angle M_1 E_2 M_2 = \angle M_1 S M_2$

$$\theta = \frac{29.5}{365} \times 360° \qquad (3)$$

所以

$$T = \frac{29.5 \times 360}{360 + \frac{29.5}{365} \times 360} = \frac{29.5 \times 365}{365 + 29.1} \approx 27.3 \text{（天）}$$

过去，我们都认为从第一个朔（初一）到第二个朔，叫农历的一个月（朔望月，望指十五），早在秦始皇时期，就测定它的周期是 $29\frac{499}{940}$ 天，一年定 $365\frac{1}{4}$ 天，制定了统一的历法，叫颛顼历。

见了这个考题以后，我又看了陈久金、杨怡著的《中国古代天文与历法》，才知道朔望月与恒星月是有区别的。朔和望是由日、月、地三者的相对位置决定的，与恒星背景无关。月亮绕地球一圈并回到同一恒星位置的周期，叫作恒星月。图中地球从 E_1 走到 E_2 时，月球从右侧图 M_1 走到左侧图 M_1，此时 E_2M（左侧图）$//E_1M_1$（右侧图），E_2M（左侧图）和 E_1M_1 指向恒星背景中的同一位置，两个 M_1 之间的时间间隔就是一个恒星月。当月球从左侧图 M_1 走到 M_2 时，发生第二个满月，这就是两个望月之间的间隔，是一个朔望月，所以恒星月要比朔望月周期短。

这里，两个 θ 角相同是解决这个问题的关键。在图 2-1 中，就月球来说，一个朔望月（29.5 天）它绕地球一圈还多一个 θ 角，它的数值就是

$$\frac{\text{朔望月}}{\text{恒星月}} \times 360° = 360° + \theta \tag{4}$$

(4) 式中的 θ 就是由公式（3）确定，从图中容易看出

$$\theta = \angle E_1SE_2 = \frac{E_1E_2 \text{ 弧长}}{\text{圆 } S \text{ 周长}} \times 360° = \frac{\text{朔望月}}{\text{回归年}} \times 360°$$

这样，就得到了一个公式

$$\frac{360°}{\text{恒星月}} \times \text{朔望月} - \frac{360°}{\text{回归年}} \times \text{朔望月} = 360° \tag{5}$$

从图中我们看出，月亮绕地球，一个朔望月转了 $360° + \theta$，而太阳在这个月里也走了 $\theta = \angle E_1SE_2$，$360°$ 是这个月中月亮多走的度数。因此，月亮一天所转的度数是

$$\frac{360° + \theta}{\text{朔望月}} = \frac{360°}{\text{朔望月}} + \frac{\theta}{\text{朔望月}}$$

即：月亮每天所走的度数 = 太阳每天所走的度数 + 月亮每天比太

阳多走的度数

据陈久金先生介绍，这个公式是我国古代天文学中的重要公式，用这个公式可以推求月亮任意一天的位置。春秋战国时期，人们已经能够熟练地运用该公式预推月亮的位置了。

"苏武牧羊"这个古题可以看出，阴历的闰月还蕴含着中国历法的复杂知识。一个高考题能够把天文知识和基础数学结合起来，而且难度不大，确实考查了学生综合运用知识的能力，我看应该提倡出这样的考题。

读读练练　　练 习 题

1. 今有索长，五千七百九十四步，欲使作方问几何？

答曰：一千四百四十八步三尺。

选自《孙子算经》

提示：求正方形边长。1 步＝6 尺。

2. 后园一棵麻，七十二枝丫，一个枝丫剥四两，一共可剥多少麻？

答案：18 斤。

提示：古时 1 斤等于 16 两。

选自《数学教学优因工程》

3. 今有人持米出三关，外关三而取一，中关五而取一，内关七而取一，余米五斗。问本持米几何？

答曰：十斗九升、八分升之三。

取自《九章算术》

03 排鱼求数

三寸鱼儿九里沟　口尾相衔直到头
试问鱼儿多少数　请君对面说因由
答曰：五万四千个

选自《算法统宗》

这是给儿童们计算的一道游戏题，目的在于巩固乘除运算方法。

已知 3 寸长的小鱼一个一个头尾相接排在一条 9 里长的水沟中，请问一共有多少条鱼？

按照明朝的度量制度，1 里＝360 步，1 步＝5 尺＝50 寸。

所以鱼的个数是

$$9 \times 360 \times 50 \div 3 = 3240 \times 50 \div 3 = 54000（条）$$

古往今来　　我国古代的计量制度

长度：引、丈、尺、寸、分五种长度单位，合称五度，都是十进。其下还有厘、毫、秒、忽四种十进长度单位。

土地丈量中还有长度单位"步"，中国古代所说的步相当于今"步"的二倍。

秦汉时规定：1 步＝6 尺，1 里＝300 步。这个制度一直沿用到唐代，自唐以后改为：1 步＝5 尺，1 里＝360 步。

此外，量布时还有单位"匹"：1 匹＝4 丈。

地积：1 亩＝60 平方丈＝240 平方步，1 顷＝100 亩。

容积：《汉书·律历志》载，斛、斗、升、合、龠（yuè）合称五量，其中1合＝2龠，其余都是十进。

重量：《汉书·律历志》载，石、钧、斤、两、铢合称五权，其进制是

$$1 石 = 4 钧 \quad 1 钧 = 30 斤 \quad 1 斤 = 16 两 \quad 1 两 = 24 铢$$

时间：相传我国在夏朝（四千多年前）就有了历法，所以叫"夏历"，又叫农历。一年分12个月，大月30天，小月29天，闰年加一个月。全年354日。1日分12个时辰，子正在午夜0时，子初在夜11时整，子终在凌晨1时整。白天、黑夜各6个时辰，白天从卯初起算，申终完了。

现在国际上规定了一套统一的单位叫作国际单位制，简称SI。我国于1984年宣布，采用国际单位制为本国法定单位的基础。

长度单位为米，记以"m"。起初规定，1m等于通过法国巴黎的地球子午线总长的四千万分之一。根据这个规定，测得光速为299792458米/秒（即人们常说的每秒30万公里）。由于光速的恒定性，1983年作出了更严密的规定。即1m等于光在真空中1/299792458秒的时间所走的距离。

要注意公制和市制的换算关系：

$$1 米 = 3 尺 \quad 1 公里 = 2 市里 \quad 1 市里 = 500 米$$

$$1 公顷 = 10000 平方米 = 100 公亩 = 15 市亩 \quad 1 市亩 = 60 平方丈$$

关于古制和今制的换算，根据专家们对秦汉时期文物的测定，以下数据可供参考

$$1 尺 \approx 23.1 厘米 \quad 1 斤 \approx 250 克 \quad 1 升 \approx 200 立方厘米$$

这些关系建立了古今联系，在研究、分析古代一些社会经济问题时还是很有用的。

例 秦始皇在位期间，建造了许多豪华的宫殿，其中阿房宫最为华丽。据记载，"前殿东西500步，南北50丈，可坐1万人，能竖5丈高的旗杆。"试按今制计算一下这个宫殿的建筑面积和旗杆的高度。

解 东西长：$500 步 = 500 \times 6 尺 = 3000$（尺）

$$\approx 3000 \times 0.231 = 693 （米）$$

南北长：$50 丈 = 500 尺 \approx 115.5$（米）

建筑面积：693×115.5＝80041.5（平方米）≈120（亩）

旗杆高：50×0.231≈11.6（米）

读读练练　　练 习 题

1.　　　　　　　　　老人问甲歌
　　有一公公不记年　手持竹杖在门前　借问公公年几岁
　　家中数目记分明　一两八铢泥弹子　每岁盘中放一丸
　　日久岁深经雨湿　总然化作一泥团　秤重八斤零八两
　　加减方知得几年
　　答曰：一百零二岁

　　　　　　　　　　　　　　　　　　　选自《算法统宗》

2. 据《三国演义》记载，刘备身高7.5尺，关羽身高9.3尺，张飞身高8尺，试按今制算一算他们身高。

答案：刘备高1.73米，关羽高2.15米，张飞高1.85米

04 三藏取经

三藏西天去取经　一去十万八千程

每日常行七十五　问公几日得回程

答曰：一千四百四十日

选自《算法统宗》

这是根据《西游记》中的故事编写的一道趣题，练习简单的四则运算。三藏是指唐代高僧玄奘，俗称唐僧，受唐朝派遣，到古代印度钻研佛教典籍，译出经、论七十五部，一千三百三十五卷，促进了中印文化的交流。

三藏按原义来说是佛教经典的总称。它分为经、律和论三类，通常对通晓三藏的僧人尊称其为"三藏法师"。

本题是说，唐僧去西天取经，一共走了十万八千里。已知他每天走七十五里，问他一共走了多少天（一年按 360 天计算）？

$$108000 \div 75 = 1440 （天）$$
$$1440 \div 360 = 4 （年）$$

所以，唐僧去西天取经共走了 4 年。

古往今来　　数·算学·数学

数字产生于人类生产、生活的需要。凡是有人群生活的地方，就必然要记数、要运算，即使在原始时代也是如此。"上古结绳而治，后世圣人易之以书契"（《易经》），实质上就标志了数的产生。但在远古时代，对数是如何产生的，人们作了许多猜想，并结合祖先改造自然的重大事件或文化上的突出成就编造了许多神奇的故事一直流传至今，这不是无中生有，但也不会那么神奇，这里包含了人民对祖先的敬重。

最突出的两个传说是"河图洛书"与"隶首作数"。传说伏羲氏与女娲（wā）氏相婚，产生了人类。伏羲称王以后，有龙马从黄河里负河图出水，献给伏羲，这是一幅数字、星座的排列图，伏羲据此画了"八卦"，编了《周易》，后经孔子研究修改列为儒家经典，称为《易经》，被世人誉为"神州第一奇书"。又传说大禹治水有功，有神龟从洛水出现，背负洛书献给大禹，据此编成《洪范九畴》，作为治理天下之大法。"图书"一词也就源出于此。河图、洛书（图 4-1）的数学价值很高，根据河图画出的八卦实际上就是最早的二进制。18 世纪德国数学家莱布尼茨创立二进制时，就是受八卦的启发，他自己也承认，他只不过是重新发现了中国古代数学中的秘密而已。洛书，列成数表就是一张纵横图，是现代组合数学中最古老的例子，是训练思维的数学幻方，如今在程序设计、图论等方面都有广泛的应用。

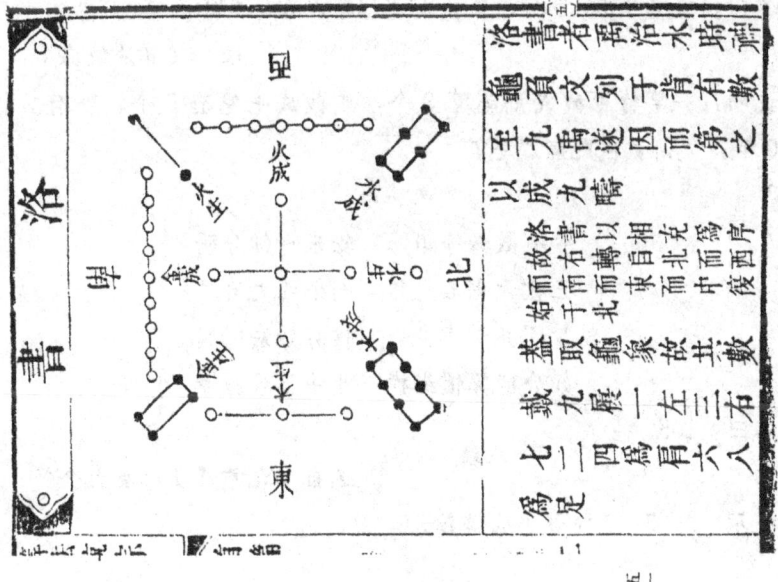

图 4-1

到了黄帝时代，又有了进一步的概括和发展，黄帝命他的史官隶首作数，这样，数就产生了。"隶首"二字又成为中国数学事业的代名词。

19世纪末期，西方近代数学开始传入中国，辛亥革命以后，部分大学创办了算学系或数学系，Mathematics究竟怎样译，被紧迫地提上日程。按中国传统习惯，1923年《科学名词审查会算学名词审查组第一次审查本》决定一律译为"算学"。而实际上"数学""算学"两词长期混用。1935年7月在上海交通大学正式成立"中国数学会"，推选胡敦复为董事会主席。1939年8月教育部通令决定：选用"数学"为Mathematics之译名，各院校一律遵用。至此"算学"一词便逐渐退出历史舞台。

读读练练   练 习 题

1. 　　　　　　　　笔套取齐

　　八万三千短竹竿　将来要把笔头安

　　管三套五为期定　问君多少配成完

答曰：管套155625个，管竹51875竿，套竹31125竿

　　　　　　　　　　　　　选自《算法统宗》

说明：一竿竹可截成毛笔管3个，或截成毛笔套5个。今有短竹83000竿，如何裁截配套成笔？

2. 　　　　　　　　数珠一串

　　今有数珠一串　轮来仔细分明

　　三枚无剩五无零　七个约之恰尽

　　欲问共该多少　推穷妙法门庭

　　知公能算惯纵横　此法不难易懂

答曰：105

　　　　　　　　　　　　选自《九章算法比类大全》

提示：3，5，7的最小公倍数。

05 洛书释数

洛书盖取龟象,故其数戴九履一,
左三右七,二四为肩,六八为足。

选自朱熹《易图》

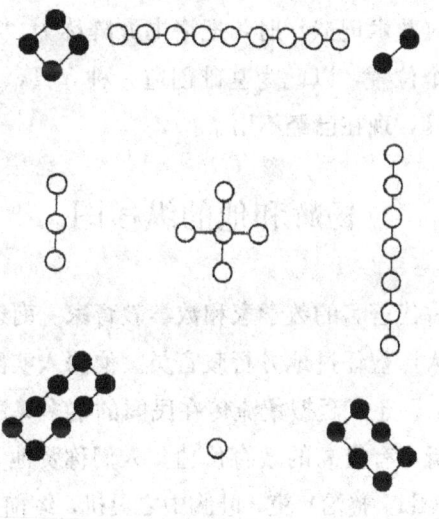

洛书

好玩的数学
中国古算解趣

事实上,这是一个三行三列的数字方阵,它的每行、每列和两条对角线上三个数字之和都相等。

请大家想一想:给出 1,2,3,…,9 这 9 个数字,怎样排出一个三行三列的数字方阵,满足上述条件呢?

南宋数学家杨辉概括了本题的解答方法:"九子斜排,上下对易,左右相更,四维挺出。"画出图来就十分清楚了。

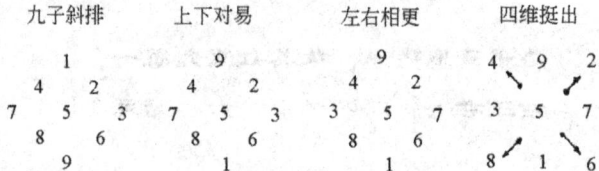

四角上的元素 4、2、8、6 从原来的位置上向四个角的方向挺出,拉成一个方阵,这样就从一个龟形"戴 9 履 1,左 3 右 7,2、4 为肩,6、8 为足"变成一个正方形的方阵了。

北周甄鸾注《数术记遗》时,把洛书方阵称为"九宫",将 9 个数字定位在图中 9 个位置,以此为基础创造一种算具,叫"九宫算",作为算筹计算的工具,现在已经不用了。

数学家　　杨辉和他的纵横图

杨辉是我国古代著名的数学家和数学教育家。南宋(公元 13 世纪)钱塘(今杭州)人,曾任过地方行政官员。他深入实际,廉政爱民,不仅研习了古代算书,还广泛搜集流传在民间的诸多算法和典型问题,进行详解细演和分析,有极高的教育价值。人们称赞他"以廉饬(chì,告诫)己,以儒饰(shì,整治)吏,吐胸中之灵机,续前贤之奥旨,从奇而偶,由晦而彰"(永嘉陈几先《日用算法》跋)。一生著作甚多,但散失严重。现存有:《详解九章算法》(1261)、《详解算法》(1262)、《乘除算法通宝》(1274)、《续古算法摘奇》(1275)、《田亩比类乘除捷法》(1275)等。

杨辉对"九宫图"进行了深入的研究,并把它命名为《纵横图》,从三阶推广到高阶,取得了一系列重要的成果。现在人们习惯地把纵横图称为幻方。所谓 n 阶幻方,就是把 1 至 n^2 的自然数排成 n 行 n 列的方阵,使它的每行、每列和每条对角线上数的和都相等。九宫图就是一个三阶幻方，杨辉给出了编制的方法。

对于四阶幻方可以沿三阶的思路，也不难构造。

```
方阵斜排            上下对易            左右相更         转正放平
    1                  16                 16
  5   3              5   3              5   3          4  9 5 16
9   6   2          9  11   2          9  11   2       14 7 11 2
13 10  7  4       13  10   7  4      7  10  13        15 6 10 3
  14  11  8         14   6   8       14   6   8        1 12 8 13
    15 12              15 12            15 12
       16                  1                1
```

注意：中间虚线构成的小正方形，也进行上下对易和左右相更的变换，求其平衡，使各行各列和主对角线各数字之和相等。

对于 $n=5$ 的情况，可以拓宽思路，用类似的方法构造五阶幻方。

各子斜排以后，确定核心正方形 11，3，15，23，形外的上、下、左、右四块，通过对易和相更，整体移入形内，就得到一个五阶幻方。当然，研究问题的路子是多种多样的，同学们可以充分发挥自己的创造力，"八仙过海，各显神通"。

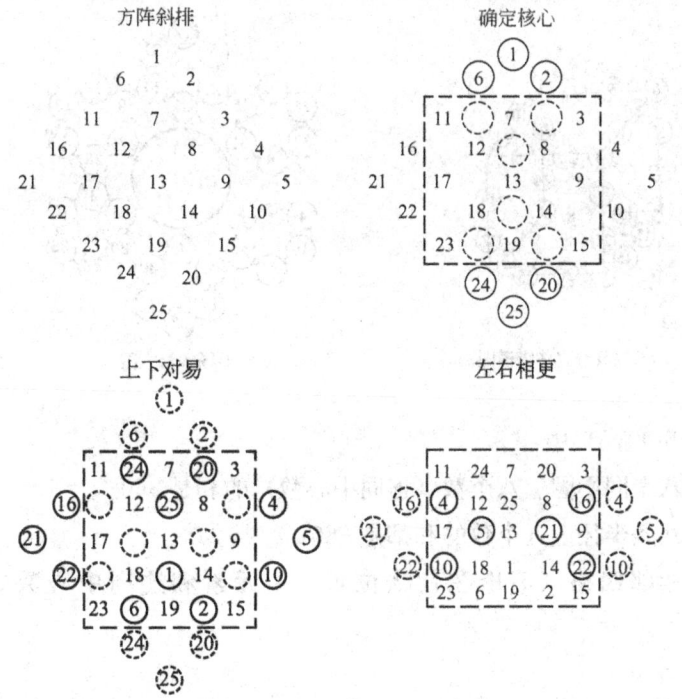

好玩的数学
中国古算解趣

小小的数字方块，却蕴含着巨大的魔力，成为人类智力磨炼的宽阔操场，吸引了世界上众多的数学家、数学爱好者，甚至幼儿园的娃娃们不断地研究、发掘、创新、应用。直至今天，还充满着青春的活力。

杨辉在他的《续古算法摘奇》里列举了5～10阶的纵横图（图5-1），还编拟了多幅其他形式的连环图，他的详解细算激发了明清两代数学家的灵机，程大位、张潮、保其寿等都编造了不少新形式的纵横图和连环图，选编几幅供大家研究。

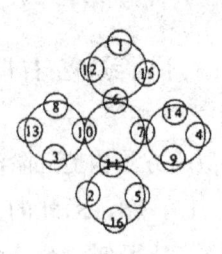

(1) 张潮揲四图

(2) 张潮百子图

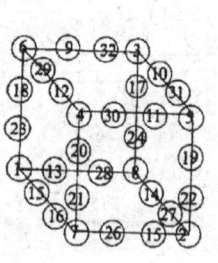

(3) 保其寿立体纵横图

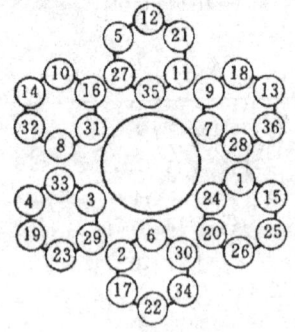

(4) 杨辉聚六图

图5-1 (6) 中：

①八个同心圆上八个数（连同中心数）的和是360。

②八条半径上九个数的和都是360。

③相邻四格（不论在什么位置）中元素和连同中心数之半都是180。

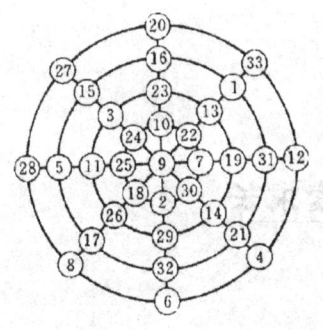
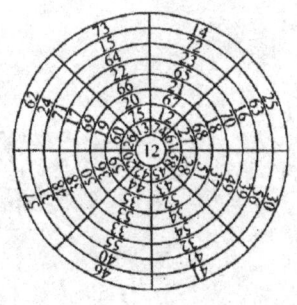

(5)杨辉聚九图　　　　　　(6)美国开国元勋富兰克林的幻圆

图 5-1

读读练练　　练 习 题

1. 在下图 8 个方格中填入 1，2，3，4，5，6，7，8 八个数，每格填一个数字，使纵横斜三数（共 8 组）的和都是 12，而且两边行列三数平方和相等。

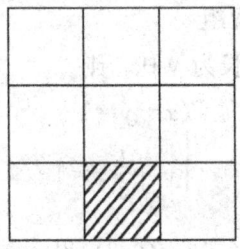

选自俞润汝《数学粒屑集》

2. 请你再排一个四阶幻方和五阶幻方（取数在 12 和 75 内）。

06 竿索求长

一枝竿子一条索　索比竿子长一托
折回索子却量竿　却比竿子短一托
答曰：竿长一丈五尺，索长二丈

选自《算法统宗》

"托"是民间丈量绳子长度的一种常用方法，一般为平伸二臂、两中指间的距离。《算法统宗》中认定 1 托 = 5 尺。

解法 1 二元一次方程组

设索长为 x 托，竹竿长为 y 托，则

$$\begin{cases} x - y = 1 & (6\text{-}1) \\ y - \dfrac{1}{2}x = 1 & (6\text{-}2) \end{cases}$$

(6-1)+(6-2) 得　　$\dfrac{1}{2}x = 2$

所以

$$\begin{cases} x = 4 \\ y = 3 \end{cases}$$

即索长 4 托 = 2 丈，竿长 3 托 = 1 丈 5 尺。

解法 2 图示法

画一个简图，用心算（图6-1）。先将绳索超出竹竿的部分折回并继续上升，注意上升的高度是下面绳索比竹竿缩短的部分的 2 倍，即上升 2 托，下缩 1 托。到绳索双折后，下缩 1

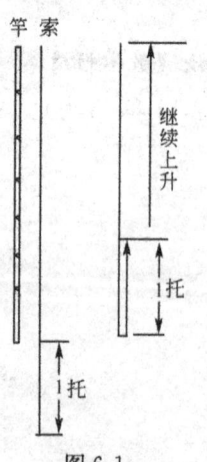

图 6-1

托。故上升2托,这样索总长4托,竿长3托。

对于这样一个简单题,最好不用方程来解,在头脑里想象一个图形,让绳索动起来,在运动的状态中找索与竿的数量关系,发现"上2缩1"的比例,从而找到答案。这就是从小训练儿童的"空间想象力"的方法,这是一种重要的数学能力。

智慧之光　　筹算和珠算

过去我们把小学数学叫作算术,实际上这是中国古代数学的总称,其原始意义是运用算筹的技术,所以也有用"筹算"二字来代表中国古代数学的,它是我国传统数学的根本。

据《汉书·律历志》载,算筹系竹制圆形棒,直径1分,长6寸。相传从西周时代人们就开始用算筹在毡毯上或木板上进行各种运算,这种计算工具延续到宋元。在长达两千多年间,它是我国各行各业通用的计算工具。

算筹记数有2种图式：

纵式 Ⅰ Ⅱ Ⅲ Ⅲ Ⅲ Ⅲ 丅 Ⅱ Ⅲ Ⅲ
横式 一 二 三 亖 亖 ⊥ ⊥ ⊥ ≝

分别表示1,2,3,4,5,6,7,8,9。纵式(横式)在6,7,8,9的上方或下方横放(竖放)的算筹,以1当5。

备注：横式6、7、8、9竖放算筹。

我国自有文字记载以来,一直是按十进制记数的,曾被马克思誉为世界上"最妙的发明之一",比古代印度使用十进制要早一千多年。正因为是筹算,靠移动算筹进行运算,所以,对程序和方法要求也很严格。在《孙子算经》明确规定"凡算之法,先识其位,一纵十横,百立千僵,千十相望,万百相当","满六以上,五在上方,六不积算,五不单张"。有了算筹这样的工具,所有的算术、代数演算都可以按部就班地进行,取得了辉煌的成就,赢得了中华民族素以计算见长的美誉。

元朝末年,算盘逐渐普及,明代数学家程大位,集珠算之大成,著成《直指算法统宗》一书,使珠算理论系统化,计算方法规范化,易学

好玩的数学

中国古算解趣

好用，风行海内，流传极广，加之商业日用之需要，珠算已成为我国近代的主要计算工具，并远传日本、朝鲜、东南亚诸国，至今仍受到世界很多国家的重视和欢迎。

筹算和珠算本质上都属于机械化的数学，解题方法都归结为"术"，用一套程序化的语言和算法来规范计算过程，和现代计算机的思想是一致的。在计算技术高度发展的今天，研究中国古代数学对开发和应用现代计算机技术有非常深远的意义。我国数学家吴文俊教授成功地吸收了中华数学的智慧，创造性地开拓了机器证明的新领域，对世界做出了杰出的贡献，获得了国家最高科学技术奖。

读读练练　　　练　习　题

1. 今有木，不知长短，引绳度之，余绳四尺五寸；屈绳量之，不足一尺。木长几何？

答曰：六尺五寸

2. 今有器中米，不知其数，前人取半，中人三分取一，后人四分取一，余米一斗五升，问本米几何？

答曰：六斗

选自《孙子算经》

07 撞十补除

> 撞十补除法最奇　以加代除很容易
> 有桃三百五十四　八十六只装一箱
> 请问能装多少箱　最后还余桃几只
> 答曰：装四箱，余十只
>
> 徽州民间古题

有蜜桃 354 个，每箱限装 86 个，问能装多少箱？还余下几个桃子？

解法 1　用除法做是很容易的

$$354 \div 86 = 4（箱）\cdots\cdots 10（个）$$

就是说可以装 4 箱，还余 10 个桃子。

明代以后，我国人民都用算盘作计算工具，编了一套"＋－×÷"的口诀，像人们常说的"三下五除二""二一添作五"就是加法、除法中的口诀。这种算法凸显中国人民的高超智慧，使整个算法机械化、规范化。但大家都知道珠算除法（归除）比较难学，口诀太多。如果把"九归""撞归""起一还原"合在一起，共有 55 句，对有点算术基础的人来说，理解了并不难记，若对文盲、半文盲来说就很困难了。所以，古代数学家一直致力于除法的改进。"撞十数法"可以说是各法中之最优者。

解法 2　撞十数法。

先求 86 的撞数（即补数）

$$100 - 86 = 14$$

在算盘上布下撞数、被除数和除数

好玩的数学

中国古算解趣

```
        撞数         被除数        除数
         14           354          86
        ④×14=          56          (+
```

乘4得4商是4 → ④10……余数是10

神奇的算法道理很简单，因为每箱限装86个，如果把每箱的容量增加14个，就成了100个（撞成"十"）一箱了。用4个"14"个，能撞成4个"100"个，还多10个，故其商为4，余数为10。

做这种除法，只要心里大致估一个初商，用一句歌诀"乘几得几商是几"除法基本上就可以通行无阻了。

名人轶事　　撞十数流传百年

"撞十数"是我国民族文化的优秀遗产，是先人改革珠算除法的丰硕成果。但因其理深奥，其法难明，纵使徽州民间偶有流传，会用者也寥寥无几。

图7-1　汪介梅先生像

此法的发现与流传经历了一个曲折的过程。笔者的同事、好友汪亚森的父亲汪介梅先生（图7-1）于1908年在浙江衢州的徽州会馆里花了10块银洋从师歙县籍同乡方老先生，学会了"撞十数法"。其特点是：不用口诀，见子打子，只可意会，不可言传。方老一生只教会两个学生。1959年时在安徽师范学院数学系读书的汪亚森公布了这个方法，并用现代数学符号分析了它的原理，编成一书《撞十数》由安徽人民出版社出版，《光明日报》《中国青年报》《安徽日报》均作了报道。其后，我们又对此法进一步研究改进，并把它推广到其他进位制。1964年把研究成果请胡术五先生寄交余介石教授审阅，余对此评价甚高，当即在油印的《珠算》杂志上发表。"文化大革命"期间，为适应上山下乡的需要，将此法编成讲义教给学生。20世纪80年代，应财会人员珠算等级测试的需要，我们亲自执教，几千人学会了这一方法，并编进了职业学校的教材。

其实，补乘、补除思想中国早已有之，唐代《夏侯阳算经》已有补乘例题，北宋沈括（1031～1095）在《梦溪笔谈》里介绍"增成法"说："欲九除者增一便是，八除者增二便是。但一位一因之，若位数少，则颇简洁，位数多则愈繁，不若乘除之有常。"可以猜想，增成法只能解决一些特殊情形。南宋数学家杨辉在《乘除通变算宝》和明代数学家王文素在《算学宝鉴》中都有补乘补除的介绍，但都未成通法。清代安徽桐城数学家方中通（1634～1698，系哲学家方以智的次子）在其著作《数度衍》（二十四卷，1661年）中有"正珠乘除新法"，为其子方正珠所作，是撞十数的第一次全面叙述，已被编入《四库全书》，文字难懂，难以流传。歙县方老如何形成"见子打子"的方法，至今不得而知。现在，尽管珠算已逐步退出生活实用，但《撞十数》确实是我们民族的优秀文化遗产。

本节的例题已用"带补装箱"（为与现代名词统一，撞数一律改称补数）的事例说明"乘几得几商是几"的实际意义，我们再看两个例题。

例1　莫道归除算法出　银九九八零零一
　　　　九百九十九人分　算动方知难不难

沈士桂《简明算法》

此题若用归除来算，算珠不够用，人们常常知难而退，用补除来做就很容易了。因为999的补数是001，根据"乘几得几商是几"，加上(999)×1，可得(999)000，即

因为　　　　　　998001＋999×001＝999000

所以

$$998001 \div 999 = 999$$

在实际应用中我们还要加一句歌诀"补余过十加补数"。

例2　$132 \div 12 = ?$

因为12的补数是$100 - 12 = 88$，它与被除数"132"的前两位"13"相加需要进位，即超过"十"，这时只要直接加上补数（撞数），进位得到的"1"就是商，后面的数就是余数。所以，我们在教学时实际用了两句歌诀

> 乘几得几商是几　补余过"十"加补数

中国古算解趣

	补数	被除数	除数
	88	132	12
补余过十加补数		88	（+

$$①012$$

$$88 \quad （+$$

$$①①00$$

它的真实意义是

$$132+11×88=1100$$

所以

$$132÷12=11$$

其数学原理从浅处说也很简单。

设 a 为被除数，b 是除数，q 是商数，r 是余数，c 是 b 的补数。这里我们假定 $10^{n-1} < b < 10^n$，则 $c = 10^n - b$ 显然有

$$a = bq + r \quad (0 \leqslant r < q)$$

$$a + qc = bq + r + q(10^n - b) = q \cdot 10^n + r$$

这就是"乘几得几商是几"的道理。

珠算除法今天已基本不用了。但它所揭示的原理对任何进位制的除法都适用，特别是对二进位制除法尤为简便。因为二进制只有两个数 0 和 1，我们的法则就变为"乘 1 得 1 商是 1，补余进位加补数"，不需要进行繁难的估商了。这里我们举两个简单的例子，对计算机中的二进制除法也算个补充。

例 3　$(1001)_2 ÷ (11)_2 = ?$

先求 $(11)_2$ 的补数　　$(100)_2 - (11)_2 = (01)_2$

	补数	被除数	除数
	01	1001	11
①×01＝		01	（+

乘1得1商是1		①011	
补余进位加补数		01	（+

$$①①00$$

所以　　$(1001)_2 ÷ (11)_2 = (11)_2$

例4 $(1101.001)_2 \div (101)_2 = ?$

$(101)_2$ 的补数是 $(1000)_2 - (101)_2 = (011)_2$

```
  1 1 0 1 0 0 1
      0 1 1       (+
  ───────────────
1 0 0 1 1 0 0 1
        0 1 1     (+
  ───────────────
1 0 1 0 0 1 0 1
          0 1 1   (+
  ───────────────
1 0 1 0 1 0 0 0
```

所以 $(1101.001)_2 \div (101)_2 = (10.101)_2$

读读练练　　练　习　题

1. $(1111)_2 \div (101)_2 = ?$
2. $(1011.01)_2 \div (1111)_2 = ?$
3. $(1100011)_2 \div (10000100)_2 = ?$

答案：1. $(11)_2$；2. $(0.11)_2$；3. $(0.11)_2$

08 方田求积

今有田广十五步,从十六步,问为田几何?
答曰:一亩

选自《九章算术》

我国古代对正方形及矩形的田统称为方田,有时也称矩形的田为直田或广田。现在都不用这些名称了,统一叫正方形,长方形或矩形。

这是《九章算术》卷一"方田章"的第一题。章名"方田",刘徽注称"以御田畴界域",意思是计算平面图形的周长和面积。题中"广"指宽,"从"(zòng)指长,即已知矩形的长 16 步,宽 15 步,求面积。

书中"方田术"给出了计算方法和秦汉时期田亩的计量制度。

方田术曰:广从步数相乘得积步。以亩法二百四十步除,即亩数。百亩为一顷。

唐朝著名天文学家李淳风为本题加了详细注解。

"此为篇端,故特举顷、亩二法。余术不复言者,从此可知。一亩之田,广十五步,从而疏之,令为十五行,即每行广一步而从十六步,又横而截之,令为十六行,即每行广一步而从十五步。此即从疏横截之步,各自为方,凡有二百四十步,为一亩之地,步数正同。以此言之,则广从相乘得积步,验矣。二百四十步者,亩法也。百亩者,顷法也,故以除之,即得。"

《九章算术》是我国古代学子的数学教科书,使用了一千多年。李淳风用注解的形式,在全书的开头就把长方形面积计算的原理、方法说得清清楚楚,即有矩形田一亩,宽是 15 步,沿纵的方向分为 15 条,每条宽 1 步、长 16 步。再把田横截成 16 行，每行宽 1 步，而长为 15 步。这样纵疏横截之后，把田分成 240 个正方形（图 8-1），每个小正方形的面积是 1 平方步（可简称为方步）。1 亩就是 240 平方步。100 亩＝1 顷。要特别注意，我国古代把面积单位和长度单位都用"步"，二者的意义是不同的。

本题的解答就是

$$15 \times 16 = 240 \text{（平方步）} = 1 \text{（亩）}$$

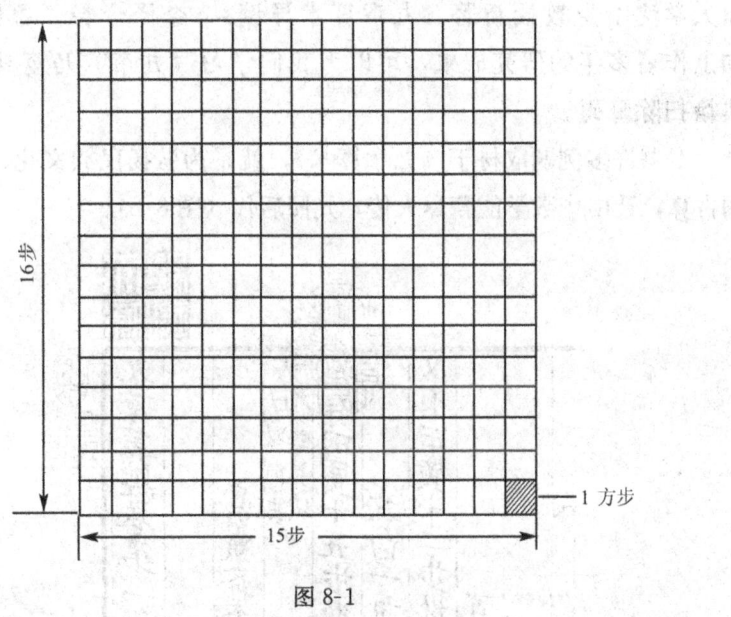

图 8-1

| 中算典籍 | 《九章算术》 |

《九章算术》是我国现有传本中最古老的数学经典著作。成书年代争论不一，从刘徽的序言分析，现今传本大约在西汉初（公元前 2 世纪）张苍（？～前 152）、耿寿昌（公元前 1 世纪）重编的。从内容来看，原书自秦汉五百年来是经多人之手陆续完成的。全书共搜集 246 个问题，以问题集的形式，有问有答有术，都是与当时的生产生活实际和社会经济环境有一定联系的应用题，分别隶属于方田、粟米、衰分、少广、商功、均输、盈不足、方程、勾股等九章，故名曰

《九章算术》。其内容有田亩面积计算，土方、粮仓体积计算，工程、赋税、徭役的计算以及数学上的分数运算、比例、方程、勾股定理、解三角形等。

两千多年来，多次注释，主要有三国刘徽、刘宋王朝祖冲之父子、唐朝李淳风、北宋贾宪、南宋杨辉、清李潢等。20世纪以来李俨、钱宝琮率先研究中国传统数学，推动了中国数学史的教育和研究，继之，白尚恕、郭书春、李继闵等都出版了专著，注释《九章》。杭州大学沈康身教授新著《九章算术导读》，今译今释，通俗易懂。加上作者多年的研究成果，可以为我们学习《九章》乃至其他中算典籍扫除障碍。

本书许多例题取材于《九章算术》，就是为弘扬民族文化，宣讲中国古算，让中华数学能薪尽火传，光照后代（图8-2）。

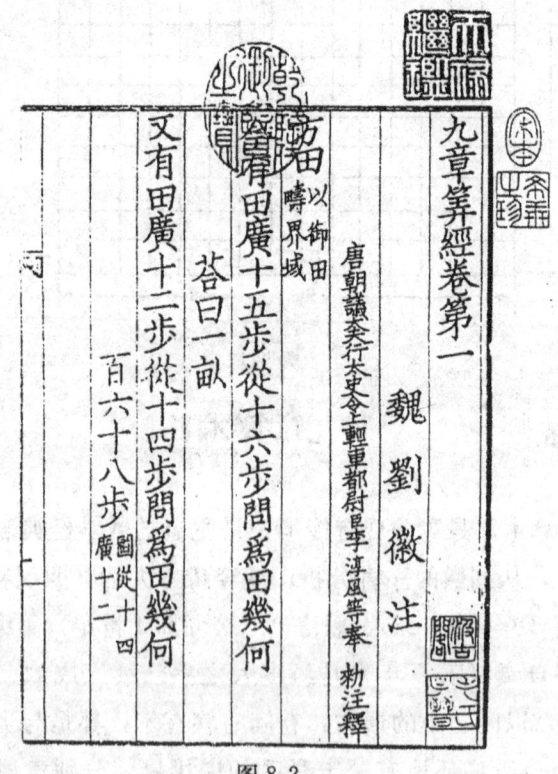

图 8-2

读读练练 练 习 题

1. 今有田广一里，从一里，问为田几何？
   答曰：三顷七十五亩
2. 又有田广二里，从三里，问为田几何？
   答曰：二十二顷五十亩

选自《九章算术》

09 凫雁相逢

今有凫起南海，七日至北海；雁起北海，九日至南海。今凫雁俱起，问何日相逢？

答曰：三日十六分日之十五

选自《九章算术》

凫一般指野鸭。本题说，野鸭从南海飞往北海，需要 7 天，雁从北海飞往南海需要 9 天。今二鸟分别从南、北海同时起飞，问多少天后二鸟相逢？

　　本题虽然简单，在中算书籍里却很典型。它反映了我国数学家处理分数问题时的基本思想方法，这种思想方法叫齐同术。用现代的话说，化异分母为同分母叫同其母，要保持分数值不变，必须齐其分子，齐同以后才可以进行加减运算。为使读者了解古人的解题思想，今引其解法，并略加说明。

　　术曰：并日数为法，日数相乘为实，实如法得一日。

　　"按此术，置凫七日一至，雁九日一至。齐其至，同其日，定六十三日凫九至，雁七至。今凫雁俱起而问相逢者，是为共至。并齐以除同，即得相逢日。"

　　这段话的意思，用一个数表来表示，即

$$\begin{matrix}&\text{凫}&\text{雁}\\\text{日}&7&9\\\text{至}&1&1\end{matrix}\xrightarrow[\text{齐其至}]{\text{同其日}}\begin{matrix}63\\9\end{matrix}\begin{matrix}63\\7\end{matrix}\xrightarrow{\text{并齐至为共至}}\begin{matrix}63\\9+7\end{matrix}$$

即 63 日相逢 16 次，故相逢日数为

$$\frac{63}{7+9}=\frac{63}{16}=3\frac{15}{16}\text{（日）}$$

　　刘徽又给出另一解释：凫一日飞全程的 1/7。雁一日飞全程的 1/9，按同其日齐其至的要求，分别记为 9/63 和 7/63。若把南北的距离设想为飞 63 天的话，则凫雁共飞 9+7=16 次，所以相逢日数是

$$\frac{63}{16}=3\frac{15}{16}\text{（日）}$$

　　对于小学生来说，这是一个容易题，常用的方法这里就不介绍了。

数学家　　　刘徽——中国第一代知名数学家

　　刘徽（图 9-1）是我国魏晋时代的著名数学家。他对数学的巨大贡献和辉煌业绩，史书记载不多，只在《隋书·律历志》上略载："陈留王四年（263）刘徽注《九章》。"刘徽的生卒年代不详，据李俨先生考据，"其卒年当在晋代"。从刘曾受封为淄乡男和一些其他史料分析，郭

好玩的数学

中国古算解趣

图 9-1 刘徽造像

书春先生认为,他可能是山东邹平县(现邹平市)人。由于他才华出众,成果丰硕,沈康身先生把他列为中国第一代知名数学家。

刘徽为《九章算术》所写序言和注解是一个宝库,从中可以看出他的数学思想、治学态度和教学方法,即使在今天,也值得学习、钻研。他在《九章》序言里说:

"徽幼习《九章》,长再详览。观阴阳之割裂,总算术之根源,探赜之暇,遂悟其意。是以敢竭顽鲁,采其所见,为之作注。事类相推,各有攸归,故枝条虽分而同本榦者,知发其一端而已。又所析理以辞,解体用图,庶亦约而能周,通而不黩,览之者思过半矣。且算在六艺,古者以宾兴贤能,教习国子。虽曰九数,其能穷纤入微,探测无方。至于以法相传,亦犹规矩度量可得而共,非特难为也。当今好之者寡,故世虽多通才达学,而未必能综于此耳。"

从这里可以看出,他在深入探索奥秘的过程中,还逐渐领悟其中的道理。刘徽在数学方面的成就可以概括为两个方面:一是整理古代数学体系,完善理论基础;二是推陈出新,取得了一批出色的数学成果。《九章算术》和《欧氏几何》在思维方法上有很大的不同。《九章》强调辩证思维,这里"悟"很重要,只有深入地"悟",才有最后的"觉"。事物之间,虽然枝叶纷繁,必有主干支撑,一定要削枝强干,彼此类推。"析理以辞,解体用图"是刘徽常用的方法,也是中算的特色,学者不仅要明"形数结合"之理,还要明"寓理于算"之理,把形象思维和逻辑思维结合起来。学数学不能满足于"懂了,会了"的要求,还要不断探索研究。现在开设的研究性课题就是为了发展这方面的能力。

读读练练　　练 习 题

1. 又有田广十二步，从十四步，问为田几何？

答曰：一百六十八步

选自《九章算术》

2. 今有妇人河上荡杯，津吏问曰："杯何以多？"妇人曰："家有客。"津吏曰："客几何？"妇人曰："二人共饭，三人共羹，四人共肉，凡用杯六十五，不知客几何？"

答曰：六十人

选自《孙子算经》

3. 百根檩，捆十捆，大的每捆捆十七，小的三捆捆九根，大小各捆多少捆？

答曰：大小各五捆

选自《数学教学优因工程》

注：檩（lǐn），屋上托住椽子的横木。

10 书生分卷

毛诗春秋周易书　九十四册共无余　毛诗一册三人共

春秋一本四人呼　周易五人读一本　要分每样几多书

就见学生多少数　请君布算莫蹉跎

答曰：《毛诗》四十册，《春秋》三十册，《周易》二十四册，学生一百二十名

选自《算法统宗》

《毛诗》、《春秋》和《周易》是儒家的三部经典著作。《毛诗》相传是西汉毛亨、毛苌所著。《春秋》是编年体的春秋史，相传是孔子根据鲁国史官编的《春秋》加以整理而成。《周易》又称《易经》相传是周人所作。

《毛诗》、《春秋》和《周易》共94本，一群学生共读这些书籍，平均3个人合读《毛诗》一册，4个人合读《春秋》一本，5个人合读《周易》一本。问学生有多少人？三书分别有多少册？

解法1 算术方法

根据题意，平均每个学生可派读《毛诗》$\frac{1}{3}$，《春秋》$\frac{1}{4}$本，《周易》$\frac{1}{5}$本。就一个学生来说，他派读的册数是

$$\frac{1}{3}+\frac{1}{4}+\frac{1}{5}=\frac{4\times5+3\times5+3\times4}{3\times4\times5}=\frac{47}{60}$$

已知三种书的总册数为94册，故学生数为

$$94\div\frac{47}{60}=94\times\frac{60}{47}=120（人）$$

《毛诗》：$120\div3=40$（册）；《春秋》：$120\div4=30$（册）；《周易》：$120\div5=24$（册）。

解法2 一元一次方程

设学生共有 x 人，则《毛诗》有 $\frac{x}{3}$ 册，《春秋》有 $\frac{x}{4}$ 册，《周易》有 $\frac{x}{5}$ 册，共计

$$\frac{x}{3}+\frac{x}{4}+\frac{x}{5}=94, \quad \frac{47}{60}x=94$$

所以　　　　　　　　$x=120$　　　（下略）

名人轶事　胡术五、黄溦寻访程大位故居

程大位虽然是徽州人，但在徽州却鲜为人知。我国珠算界的老前辈胡术五一直注意寻访程的故居。

1950年初，政府为了调整皖南区的中等教育结构，将建国前的一

所公立中等职业学校及三所私立中学合并成立皖南区屯溪中学。胡术五、黄澍均调入该校任教。胡是黄的老师，到校后，二人便合作进行一些调研。1953年通过学生程某终于在屯光乡前园村找到了程大位的故居，程某就是程大位的后裔。当时程氏祠堂尚未被破坏，"隶首薪传"的巨匾高悬堂上。但文物保护还没有提上日程。

20世纪60年代初期，珠算教育受到重视，小学普遍开了珠算课，农村初中为适应当时社会经济发展的需要，也开设了珠算课，有关珠算历史文化的研究，也逐步开展起来，余介石、华印椿诸位先生是积极的倡导者。

1964年四川成都大学教授余介石写信给退休在屯溪的胡术五，希望他调查一下程大位的故居和家族谱系的情况。因为当时有人怀疑程大位的家乡"海阳"是广东的"海阳"，余想查明实据，以正讹传。

余介石先生原籍徽州黟县，与胡术五是同学同乡，都是在东南大学的前身东南高师数学系毕业。抗战时他们合作编写了《复兴中学数学教科书》，合译了《葛、斯、龙三氏微积分》等，在数学教育界享有盛誉。

胡接信后便又邀黄澍等同赴屯溪镇屯光公社调查，找到了程大位的后裔程华先，并在程氏宗祠门前合影留念。查明了程大位乃是徽州休宁（古称海阳，隶属徽州）屯溪镇前园村人，"海阳"之误，缘由于此。

程氏故居算明代建筑，小商人家，比不上徽州的豪门大贾。虽然程氏大祠堂有一点名气，但也破败不堪，是生产队的仓库。明代巨匾"隶首薪传"被压在仓底，由于年代太久，又没有很好保护，四角已经腐朽，"文革"期间被销毁。1986年程大位纪念馆修建以后，由黄澍重书了"隶首薪传"的新匾。与此同时，在程梦周先生的支持下，找到了程氏族谱，查明程氏家族的谱系和后裔，也找到了多种版本的《算法统宗》和《算法纂要》。这样，程大位之谜就彻底解开了。国内外许多杂志相继发表了有关程大位生平的纪念文章。黄澍的《程大位卒年资料》和本书作者的《程大位与明代徽商》相继在日本《珠算史研究》杂志上发表。

在安徽省财政厅和珠算协会的关注下，在中国珠算协会朱希安会长和安徽珠算协会许遵普会长直接指导帮助下，由黄山市政府筹建的"程大位纪念馆"于1986年建成、举行了开馆典礼并召开了"纪念程大位逝世380周年大会"。国内外众多学者云集于此，开展学术研究和交流活动。现在纪念馆已成为珠算学术交流的中心和爱国主义教育基地。

读读练练　　练 习 题

1. 　　　　　　　方蜡自燃
　　　今有白方一块蜡　白方高厚一尺八
　　　一日对天燃一寸　问燃几年何用法

答曰：一十六年二个月零十二日

提示：蜡块体积1.8立方尺。

选自《九章算法比类大全》

2. 路上一群马车行，车车坐人都相等。五人同车三车空，四人同车九步行。车有多少辆？共有多少人？

答曰：车二十四辆，一百零五人。

选自《数学教学优因工程》

11 以碗知僧

巍巍古寺在山中　不知寺内几多僧
三百六十四只碗　恰合用尽不差争
三人共食一碗饭　四人共尝一碗羹
请问先生能算者　都来寺内几多僧
答曰：六百二十四人，饭碗二百零八只，羹碗一百五十六只

选自《算法统宗》

某山都来寺，不知有多少个和尚，但知道他们3人合分一碗饭，4人合吃一碗汤，共用了364个碗，试求和尚的人数。

解法1 算术方法

依题意，每人用 $\frac{1}{3}$ 个饭碗，$\frac{1}{4}$ 个汤碗，每人共用的碗数是

$$\frac{1}{3}+\frac{1}{4}=\frac{7}{12}$$

已知碗数是364，故僧数为

$$364\div\frac{7}{12}=364\times\frac{12}{7}=\frac{4368}{7}=624\ (人)$$

饭碗数为 $624\div 3=208$（个），汤碗数为 $624\div 4=156$（个）。

解法2 一元一次方程

设和尚总数为 x 人，根据题意，饭碗共有 $\frac{x}{3}$ 个，汤碗共有 $\frac{x}{4}$ 个，且

$$\frac{x}{3}+\frac{x}{4}=364, \quad x\cdot\frac{7}{12}=364$$

所以 $x=364\times\frac{12}{7}=624$ （下略）

数学家 珠算一代宗师——程大位

程大位（图11-1），字汝思，号宾渠，生于明嘉靖十二年（1533），系安徽省休宁县屯溪镇前园村人（今黄山市屯溪区前园村），故居至今尚存。去世年份，族谱中并无记载，1966年胡术五、黄澍再度细访，终于在其家族《先人忌辰簿》中查得为明万历三十四年（1606）。《程氏宗谱》记载，程大位"精于古篆，善算数"。

程本人小商出身，未应科举之试，也就没有走上仕途，由于"士农工商"，商居末位，《休宁县志》中找不到他的名字。但徽州自古商业发达，徽商遍及全国各地，素有"无徽不成镇"之称。像程大位这样的人，不仅物质生活依靠商业，而且思想和治学方法也都与商业息息相关。据记载，程大位幼年聪敏好学，尤其喜爱数学，常"不惜重资，以购求遗书"，"迂方田、粟米、差分、少广、商功、均输、盈不足、方

好玩的数学
中国古算解趣

图 11-1　程大位

程、勾股诸书，辄厚资购得之"。二十岁左右，利用经商机会，"邀游吴楚，博访文人达士"，遇有"耆通数学者，辄造请问难，孳孳不倦"，接触了许多实际问题，深感学习数学之重要。用他自己的话说，"远而天地之高广，近而山川之浩衍，大而朝廷军国之需，小而民生日用之货"，无不需要数学。另一方面，他身居农村，田亩丈量，谷仓计算，集市贸易等群众中的实际问题，要他帮助解决，促使他研究计算工具和计算方法，制造丈量田亩的工具——丈量步车，编制算法口诀，便于普通人学习。他特别注意对儿童的数学教育，把当时数学教育中常用的名题汇集成难题卷，培育读者的学习兴趣。四十岁以后，倦于外游，"归而覃思于率水之上，余二十年"，认真钻研古籍资料，绎其文义，审其成法，遍取各家之长，加上自己的心得体会，终于写成《算法统宗》一书，共十七卷，其后又"删其繁芜，揭其要领"，约简为《算法纂要》四卷，先后在屯溪发行。

读读练练　　练 习 题

1.　　　　　　　盐油相换
　　　一斤半盐换斤油　五万白盐载一舟
　　　斤两内除相为换　须教二色一般筹
　　答曰：各二万斤

选自《算法统宗》

提示：已知一船装了 5 万斤盐，1.5 斤盐换 1 斤油，油盐要互换多少时，二者相等。

2. 一进十八幢，一幢十八家，一家十八人，个个都纺花，每人纺四两（一斤等于 16 两），共纺多少花？

答曰：一千四百五十八斤

选自《数学教学优因工程》

12 五渠灌水

今有池，五渠注之。其一渠开之，少半日一满；
次，一日一满；次，二日半一满；次，三日一满；
次，五日一满。今皆决之，问几何日满池？
答曰：七十四分日之十五

选自《九章算术》均输章

有一池塘，甲、乙、丙、丁、戊五条渠道都与池塘相通。单开甲渠，$\frac{1}{3}$ 天注满；单开乙渠，1 天注满；单开丙渠，$2\frac{1}{2}$ 天注满；单开丁渠，3 天注满；单开戊渠，5 天注满。如果五渠同开，多少天把池塘注满？

解法1　算术方法

已知每渠注满一池水需要的天数分别为

$$\frac{1}{3},\ 1,\ \frac{5}{2},\ 3,\ 5$$

每渠独开一天，分别能灌注一个池塘水的

$$3,\ 1,\ \frac{2}{5},\ \frac{1}{3},\ \frac{1}{5}$$

若五池齐开，一天能注一池塘水的

$$3+1+\frac{2}{5}+\frac{1}{3}+\frac{1}{5}=\frac{74}{15}$$

所以，五池齐开，要注满一池水需要的时间为

$$1\div\left(3+1+\frac{2}{5}+\frac{1}{3}+\frac{1}{5}\right)=1\div\frac{74}{15}=\frac{15}{74}\ (日)$$

解法 2 中算古法

本法是基于"凫雁相逢"的齐同思想，将日数、满数列一行，其中"少半日一满""二日半一满"分别表示"一日三满"和"五日二满"。

$$\begin{matrix}日数\\满数\end{matrix}\begin{bmatrix}1 & 1 & 5 & 3 & 5\\3 & 1 & 2 & 1 & 1\end{bmatrix}\xrightarrow[\text{齐其满}]{\text{同其日}}\begin{bmatrix}75 & 75 & 75 & 75 & 75\\225 & 75 & 30 & 25 & 15\end{bmatrix}\xrightarrow[\text{满齐}]{\text{日同}}\begin{bmatrix}75\\370\end{bmatrix}$$

其算法是将第一行的日数相乘得 75 日（同其日），按各渠的灌水速度，算出相应的满数。这样，75 日各渠齐开，共

$$225+75+30+25+15=370（满）$$

这就叫"同其日，齐其满"。

注满一池水需

$$\frac{75}{370}=\frac{15}{74}（日）$$

实际上，"同其日"若取最小公倍数，整个计算要简单些。

$$\begin{matrix}日数\\满数\end{matrix}\begin{bmatrix}1 & 1 & 5 & 3 & 5\\3 & 1 & 2 & 1 & 1\end{bmatrix}\xrightarrow[\text{齐其满}]{\text{同其日}}\begin{bmatrix}15 & 15 & 15 & 15 & 15\\45 & 15 & 6 & 5 & 3\end{bmatrix}\xrightarrow[\text{满齐}]{\text{日同}}\begin{bmatrix}15\\74\end{bmatrix}$$

当然，今天解这样的题无须用古人的方法，但"齐同"思想是一个重要的数学思想，应该了解它的来龙去脉；另一方面，也可以看出简单的"通分"法则，在历史上都经过了艰难的历程。

古法探源　　更相减损术

"凫雁相逢""五渠灌水"解决了通分问题。至于约分问题，实质是如何求分子、分母最大公约数的问题。《九章算术》中介绍了这个方法，叫作"更相减损术"，数学家刘徽对此法进行了明确的注解和说明，是一个很实用的数学方法，中学生应该掌握它。我们很高兴地看到，华东版的初中数学教材已介绍了这一方法。

例1 又有九十一分之四十九，问约之得几何？

选自《九章算术》方田章

我们用 (91, 49) 表示 91 和 49 的最大公约数。按刘徽所说，分别列出分子、分母，"以少减多，更相减损，求其等也，以等数约之。等数约之，即除也，其所以相减者皆等数之重叠，故以等数约之。"列式如下：

	91	49	
1	49		
		42	1
	42	7	
5	35		
	7		

这里得到的 7 就叫作"等数"，91 和 49 都是这等数的重叠（即倍数），故 7 为其公约数，而 7 和 7 的最大公约数就是 7，$(7,7)=7$，所以

$$(91,49)=(42,7)=(7,7)=7$$

例 2 计算"苏武牧羊"中 (1-1) 式 10227 和 27795 的最大公约数。

解

	10227	27759	
		20454	2
1	7305		
	2922	7305	
		5844	2
	1461		
	1461	1461	

所以 $(10227,27759)=(10227,7305)=(2922,7305)=$
$(2922,1461)=(1461,1461)=1461$

可以想象，在秦始皇以前就能进行 (1-1) 式的约分，这足以表明我国古代高超的数学水平。

例 3 一块钢板，长 1 丈 3 尺 5 寸，宽 1 丈零 5 寸，现把它截成同样大小的正方形，要求正方形最大，并且不许剩下钢板，求正方形的边长。

解 要求正方形的边长最大，就是求长和宽的最大公约数。用更相减损术得

	135	105	
1	105		
		90	3
	30	15	
1	15		
	15		

, $(135,105)=15$

备注：单位统一换成寸计算。

所以，正方形的边长是 1 尺 5 寸。

更相减损术在现代仍有理论意义和实用价值。吴文俊教授说："在我国，求两数最大公约数即等数，用更相减损之术，将两数以小减大累

减以得之。如求 24 与 15 的等数，其逐步减损如下表所示：

$$(24, 15) \to (9, 15) \to (9, 6) \to (3, 6) \to (3, 3)$$

每次所得两数与前两数有相同的等数，两数之值逐步减少，因而到有限步后必然获得相同的两数，也即所求的等数，其理由不证自明。

这个寓理于算不证自明的方法，是完全构造性与机械化的，尽可以据此编成程序上机实施"。吴先生的话不仅说明了此法的理论价值，而且指明学习和研究的方向。

更相减损法很有研究价值，它奠定了我国渐近分数、不定分析、同余式论和大衍求一术的理论基础，希望读者能仔细品味。

读读练练　　练 习 题

1. 用更相减损术求 (1691772624, 4593632611) = ? 并核对祖冲之的结果（可以用计算器）。

2. 求 198 和 252 的最大公约数。

答案：(198, 252) = 18

3. 有三根钢丝长度分别为 13 尺 5 寸, 24 尺 3 寸, 55 尺 8 寸, 现要把它截成相等的小段，每根都不许有剩余，截成的小段要最长，问每小段长几寸？一共可截成多少段？请用吴文俊先生讲的方法试一试。

提示：(135, 243, 558) = (135, 108, 18) = (9, 18, 18) = (9, 9, 9) = 9。

4. 中国古代流传一本数学书，书中有下面这段文字："今有多数 21, 少数 15, 问等数几何？"草曰："置 21 于上, 15 于下, 以下 15 除去 21, 上余 6; 又以上 6 除去下 15, 下余 3; 又以下 3 除去上 6, 适尽。则下 3 为等数合问。"

A. 两数之和　　B. 两数之差　　C. 两数之积

D. 两数之商　　E. 两数最大公因数

5. 证明对任何自然数 n, 分式 $\dfrac{21n+4}{14n+3}$ 为既约分数 (IMO 1959 年试题)。

提示：$(21n+4, 14n+3) = (7n+1, 14n+3) = (7n+1, 7n+2) = (7n+1, 1) = (1, 1) = 1$。

13 三女归宁

张家三女孝顺　归家频望勤劳
东村大女隔三朝　五日西村女到
小女南乡路远　依然七日一遭
何朝齐至饮香醪　请问英贤回报
答曰：一百零五日同到相会

选自《算法统宗》

注：香醪（láo），即美酒。

本题是最小公倍数的应用题。题意是张家有3个女儿，长女隔3日回家一次，二女隔5日回家一次，三女隔7日回家一次，她们同一天离家，问几日后她们又同时到家相会？

解 她们第二次聚会的日期是3、5、7的最小公倍数，用记号[3, 5, 7]表示，即

$$[3, 5, 7] = 3 \times 5 \times 7 = 105 \text{（天）}$$

古往今来　　　最小公倍数

最大公约数和最小公倍数是小学数学的重要内容，经常被用到。这部分知识在世界数学的发展中经过了漫长的道路。《九章算术》中用更相减损术解决了求最大公约数的问题，同时也解决了求最小公倍数问题，这对世界数学是一大贡献。

在中小学求最大公约数和最小公倍数的方法基于算术基本定理，即任一正整数 a 能唯一地写成

$$a = p_1^{\alpha_1} \cdot p_2^{\alpha_2} \cdots p_k^{\alpha_k}, \quad \alpha_i > 0, i = 1, 2, \cdots, k \quad (13\text{-}1)$$

其中，p_i 是质数 $p_i < p_j$ $(i < j)$，(13-1) 式叫作 a 的标准分解式。

利用标准分解式求二数的最大公约数和最小公倍数，其道理就非常明显了。

例1 求 $(26460, 12375)$ 和 $[26460, 12375]$。

解 因为
$$26460 = 2^2 \cdot 3^3 \cdot 5 \cdot 7^2$$
$$12375 = 3^2 \cdot 5^3 \cdot 11$$

所以 $(26460, 12375) = 3^2 \cdot 5 = 45$

$$[26460, 12375] = 2^2 \cdot 3^3 \cdot 5^3 \cdot 7^2 \cdot 11 = 7276500$$

从中可以看出

$$(26460, 12375)[26460, 12375] = 26460 \times 12375$$

一般地，设 a, b 是任意两个正整数，将它们表示成标准分解式

$$a = p_1^{\alpha_1} p_2^{\alpha_2} \cdots p_k^{\alpha_k}, \quad \alpha_i > 0, i = 1, 2, \cdots, k$$
$$b = p_1^{\beta_1} p_2^{\beta_2} \cdots p_k^{\beta_k}, \quad \beta_i > 0, i = 1, 2, \cdots, k$$

其中，p_i 是质数，$p_i < p_j$ $(i < j)$，那么

$$(a, b) = p_1^{\gamma_1} p_2^{\gamma_2} \cdots p_k^{\gamma_k}, \quad [a, b] = p_1^{\delta_1} p_2^{\delta_2} \cdots p_k^{\delta_k}$$

其中，$\gamma_i = \min(\alpha_i, \beta_i), \delta_i = \max(\alpha_i, \beta_i), i = 1, 2, \cdots, k$

这里，$\min(\alpha_i, \beta_i)$ 和 $\max(\alpha_i, \beta_i)$ 分别表示 α_i, β_i 中最小的和最大的数。

同时我们也得到以下的等式：

$$(a, b) \cdot [a, b] = ab, \quad 即 [a, b] = \frac{ab}{(a, b)} \quad (13\text{-}2)$$

(13-2) 式解决了如何从最大公约数求最小公倍数的问题。一般人认为，算术基本定理彻底解决了公约数和公倍数的问题，其实这只是理论上的结果，质因数的分解问题实际上是很困难的，像闰月问题中的大数据就很难分解。从这个意义上说，更相减损术是一种简单易行的方法。

(13-2) 式可作进一步推广，对于求三个或三个以上整数的最小公倍数，用以下公式进行。

$$[a, b, c] = \big[[(a, b)], c\big] = \left[\frac{ab}{(a, b)}, c\right] \quad (13\text{-}3)$$

好玩的数学
中国古算解趣

注意：在一般情况下，

$$[a, b, c] \neq \frac{abc}{(a, b, c)}$$

使用时要特别小心。

读读练练　　　　练　习　题

1. 求 [9360，6552] 和 (9360，6552)。

答案：65520，936

2. 今有田广一步半、三分步之一、四分步之一、五分步之一、六分步之一、七分步之一，求田一亩，问纵几何？

答曰：九十二步、一百二十一分步之六十八

选自《九章算术》

提示：计算 $\dfrac{240}{1\frac{1}{2}+\frac{1}{3}+\frac{1}{4}+\frac{1}{5}+\frac{1}{6}+\frac{1}{7}}$

1亩＝240平方步

14 环山相会

今有封山周栈三百二十五里,甲、乙、丙三人同绕周栈行,甲日行一百五十里,乙日行一百二十里,丙日行九十里。问周行几何日会?

答曰:十日六分日之五

选自《张丘建算经》

好玩的数学
中国古算解趣

周栈即栈道，指沿山挑出的环山道路。本题的意思是说：今有环山道路周长 325 里，甲、乙、丙三人环山而行，甲每日行 150 里，乙每日行 120 里，丙每日行 90 里。如果行走连续不断，问从同一点出发，多少天后再相遇于原出发点？

原书给出的解法非常简单，大家先读读想想道理何在？

解 先求甲、乙、丙所行里数的最大公约数（即等数）。
$$(150, 120, 90) = 30$$

以 30 作为除数去除栈道周长 325 即得再相遇的天数。

$$325 \div 30 = 10\frac{25}{30} = 10\frac{5}{6} （日）$$

以 30 去除甲、乙、丙日行里数，即得相遇时所行周数。

甲行 $150 \div 30 = 5$（周）

乙行 $120 \div 30 = 4$（周）

丙行 $90 \div 30 = 3$（周）

智慧之光　　从"三女归宁"到"环山相会"

我国古代对最小公倍数的研究，不只是为通分运算奠定基础，同时也解决了几个物体做周期运动时，何时重复交会于起点的问题，为天文历法的研究提供了一种有用的方法。我们通过几个有趣的例子，介绍先辈的数学思想，体会方法的实质，对中学的学习也是有好处的。

怎样理解"环山相会"这个方法呢？由于我国古代的算具是竹筹，不可能摆出冗长的计算过程。简单的术文蕴涵着深刻的道理。解题时不要急于进行数和式的变形，而要冷静思索，务求觉悟，一定要"悟"出其中的道理。

"悟"是解数学题的一项基本功，它不光是分析、领会的过程，还是综合、融会已有知识、从已知通向未知的渐变过程。悟得好，自然会出现"山重水复疑无路，柳暗花明又一村"的意境来。这里我们仅做一般性的提示，深刻的道理请大家"悟"一下。

先算一下甲、乙、丙三人环山一周所需天数

$$\frac{325}{150} = \frac{13}{6} \quad \frac{325}{120} = \frac{65}{24} \quad \frac{325}{90} = \frac{65}{18}$$

仿照"三女归宁"的思路，他们第二次相会于原出发点，应是这 3 个数的最小公倍数，我们仍引用 3 个整数的最小公倍数记号，记以 $\left[\dfrac{325}{150}, \dfrac{325}{120}, \dfrac{325}{90}\right]$。

大家知道，最小公倍数原限于整数范围，我国古代数学家很早就把它推广到分数，也就是求一个最小数（不一定是整数）。一般可设想为一个既约分数 $\dfrac{b}{a}$，$(a, b) = 1$，能同时被上面 3 个分数整除，即

$$\dfrac{b}{a} \div \dfrac{325}{150} = \dfrac{150b}{325a} = \dfrac{6b}{13a} = m, \quad m \in \mathbf{Z}, \mathbf{Z} \text{ 表示整数集} \quad (14\text{-}1)$$

因为 $(a, b) = 1$，m 是整数，故 6 能被 a 整除，b 能被 13 整除，记以 $a \mid 6$，$13 \mid b$，即 a 是 6 的约数，b 是 13 的倍数；同理可得 $a \mid 24$，$a \mid 18$，$65 \mid b$。这样 a 应是 6，24，18 的公约数，b 应是 13，65，65 的公倍数，又因为 a，b 互质，故

$$a = (6, 24, 18) = 6, \quad b = [13, 65, 65] = 65$$

$$\dfrac{b}{a} = \dfrac{65}{6} = 10\dfrac{5}{6}$$

因为 $\dfrac{65}{6} = \dfrac{325}{30} = \dfrac{[325, 325, 325]}{(150, 120, 90)}$，这样就得到

$$\left[\dfrac{325}{150}, \dfrac{325}{120}, \dfrac{325}{90}\right] = \dfrac{[325, 325, 325]}{(150, 120, 90)} = \dfrac{325}{30} = \dfrac{65}{6} = 10\dfrac{5}{6}$$

事实上，从（14-1）式也可以"悟"出其中的道理来。至于甲、乙、丙所行周数的算法只是一个比例变换：

$$\text{甲行周数} = \dfrac{\text{周行相会的日数}}{\text{甲行一周的日数}} = \dfrac{\dfrac{\text{周栈长}}{\text{等数}}}{\dfrac{\text{周栈长}}{\text{甲一日行里数}}}$$

$$= \dfrac{\text{甲一日行里数}}{\text{等数}}$$

这样，原题的答案就十分明显了。

一般地，我们得到一个公式：能同时被最简分数 $\dfrac{b}{a}$，$\dfrac{d}{c}$，$\dfrac{f}{e}$ 整除的最小数为

$$\left[\dfrac{b}{a}, \dfrac{d}{c}, \dfrac{f}{e}\right] = \dfrac{[b, d, f]}{(a, c, e)} \quad (14\text{-}2)$$

这是一个有用的公式,是我国古代数学家推广最小公倍数概念的成果。

法传四海　　五星同会

求最大公约数和最小公倍数的方法在我国公元 5、6 世纪时已经被掌握使用。日本人民十分注意研究吸取我国的数学成果,并进行认真的分析整理。在 1709 年关孝和著的《括要算法》(用汉文写的)里就有最小公倍数(书中称齐约术)的问题,今取一例,供读者参阅。

例1　今有六个、一十四个、一十五个、二十五个,问齐约之,几何?

答曰:一千零五十

本题就是求 6,14,15,25 的最小公倍数。

解　用公式 (13-3),有

$$[6, 14, 15, 25] = [[6, 14], 15, 25]$$

$$= \left[\frac{6 \times 14}{(6, 14)}, 15, 25\right] = [42, 15, 25]$$

$$= \left[\frac{42 \times 15}{(42, 15)}, 25\right] = [210, 25] = 1050$$

从表面上看,这个方法不如小学生用的方法简捷易懂:

$$[6, 14, 15, 25] = 2 \times 3 \times 5^2 \times 7 = 1050$$

但是,对于像"苏武牧羊"中的大数字,质因数分解就十分困难了。

```
2 | 6, 14, 15, 25
3 | 3,  7, 15, 25
5 | 1,  7,  5, 25
    1   7   1   5
```

对于"环山相会"题中求几个分数的"最小公倍数"的问题,在日本也有研究,会田安明(1747~1817)在《算法交会术》(也是用汉文写的)中就有一个五星同会的题目。

例2　"周天三百六十五度四分度之一也。今有甲、乙、丙、丁、戊五星,共会于同度,其运旋如环无端。只云五星一日行各不齐。甲星二十八度一十六分度之一十三，乙星一十九度四分度之一，丙星一十三度一十二分度之五，丁星一十一度七分度之一，戊星二度九分度之七。几日而再会于同度乎？问其日数及各遍周天其回次几何？"

"答曰：再会日数 368172 日。甲星回次 29043，乙星回次 19404，丙星回次 13524，丁星回次 11223，戊星回次 2800。"

这是类比于"环山相会"的一个练习题，利用公式(14-2)进行计算。本题计算量很大，要耐着性子用计算器进行。

解 依题意，各星日行的度数是

甲星 $28\frac{13}{16}=\frac{461}{16}$（度）

乙星 $19\frac{1}{4}=\frac{77}{4}$（度）

丙星 $13\frac{5}{12}=\frac{161}{12}$（度）

丁星 $11\frac{1}{7}=\frac{78}{7}$（度）

戊星 $2\frac{7}{9}=\frac{25}{9}$（度）

各星运旋一周所需的天数（即周期）为

甲星 $365\frac{1}{4}\div\frac{461}{16}=\frac{1461}{4}\times\frac{16}{461}=\frac{1461\times 4}{461}$（日）

乙星 $365\frac{1}{4}\div\frac{77}{4}=\frac{1461}{77}$（日）

丙星 $365\frac{1}{4}\div\frac{161}{12}=\frac{1461\times 3}{161}$（日）

丁星 $365\frac{1}{4}\div\frac{78}{7}=\frac{1461\times 7}{312}$（日）

戊星 $365\frac{1}{4}\div\frac{25}{9}=\frac{1461\times 9}{100}$（日）

根据"环山相会"的结论，各星再会的日数为

$$\left[\frac{1461\times 4}{461},\frac{1461}{77},\frac{1461\times 3}{161},\frac{1461\times 7}{312},\frac{1461\times 9}{100}\right]$$

$$=\frac{[1461\times 4,\ 1461,\ 1461\times 3,\ 1461\times 7,\ 1461\times 9]}{(461,\ 77,\ 161,\ 312,\ 100)}$$

$$=\frac{1461\times[4,\ 1,\ 3,\ 7,\ 9]}{1}=1461\times 3\times[4,\ 1,\ 1,\ 7,\ 3]$$

$$=1461\times 252=368172\text{（日）}$$

中国古算解趣

各星运行的周数为

甲星

$$368172 \div \frac{1461 \times 4}{461} = 1461 \times 252 \times \frac{461}{1461 \times 4} = 29043 \text{（次）}$$

用同样的方法可以算出乙、丙、丁、戊各星运行的周数，与答案完全一致，此处从略。

讲这几个例题，不完全是为了有趣、好玩。从更相减损到最大公约数、最小公倍数，是我国古代数学发展的一条轨迹，不仅解决了天文、历法中的问题，而且走出了一条有中国特色的数学发展的路子。老一辈数学家吴文俊、沈康身、李继闵等都非常推崇这个"寓理于算，不证自明"的方法，而且吴文俊先生说："在我国，则根本没有质数的概念，自然谈不上奠基在质数概念上的数论等分支学科的形成。"

"但是，数学决不能认为是单纯作为推理训练之用的学问，更不能沦为数字游戏之学。数学之所以重要，主要因为能有助于人类认识自然、控制自然，为解决应用中产生的各种问题提供有效手段。就这一点来说，我国古代没有质数的数论比欧几里得的数论不仅毫无逊色，而且要优越得多。"我想只有通过对中算古题的演算、研究，才能慢慢领会吴先生这番话的意义。

读读练练　　练 习 题

1. 有长36厘米、宽24厘米的长方形木板若干块，至少用（　　）块就可以拼成一个正方形。

$$[36, 24] = 72 \quad \frac{72 \times 72}{24 \times 36} = 6$$

2. 有长36米、宽24米的长方形地面一块，用正方形的整块地砖来铺，最少要用多少块？

$$(36, 24) = 12 \quad \frac{36 \times 24}{12 \times 12} = 6$$

3. 请读者验算一下"五星同会"题。

15 三兵巡营

今有内营周七百二十步，中营周九百六十步，外营周一千二百步。甲、乙、丙三人值夜，甲行内营，乙行中营，丙行外营，俱发南门。甲行九，乙行七，丙行五。问各行几何周，俱到南门？

答曰：甲行十二周，乙行七周，丙行四周

选自《张丘建算经》

由于古文不大好理解，我们循古人的思路，用现代语言加以分析，并把演算结果列成一表，请读者与古法的演算过程相比较，从中可以看出中算构造性与机械化的特色。

解 首先说明"甲行九，乙行七，丙行五"是指甲乙丙三人在单位时间内所行路程的比，若取其比值为240（其他数值如 k 也行），就可以与内、中、外营周长约简，使运算简化。这样，甲、乙、丙在单位时间所行的步数分别为

$$9\times 240 \qquad 7\times 240 \qquad 5\times 240$$

他们各自沿内、中、外三营环绕一周所需的时间为

甲 $\dfrac{720}{9\times 240}=\dfrac{1}{3}$（日）

乙 $\dfrac{960}{7\times 240}=\dfrac{4}{7}$（日）

丙 $\dfrac{1200}{5\times 240}=1$（日）

为了筹算的方便，古代十分注意约简，在计算之初就用240把三营

周长约简为 3，4，5，列于表左第二栏。

三人再会于南门的天数应是 $\frac{1}{3}$，$\frac{4}{7}$，1 的最小公倍数

$$\left[\frac{1}{3}, \frac{4}{7}, 1\right] = \frac{[1, 4, 1]}{(3, 7, 1)} = \frac{4}{1} = 4 \text{（日）}$$

各自的行程分别为：4×9＝36，4×7＝28，4×5＝20（均以 240 步为单位）。

以周长 3，4，5 约简得：甲行 12 周，乙行 7 周，丙行 5 周。

我们把这个演算过程列成表 15-1，大家先弄懂这个解法，再看看古代的演算过程，既可以了解其依据，也可以看出中算的特色。

表 15-1 三兵巡营

各营周长		三人行率	再次相会日数	相会时行程	行周
原长	约简				
内 720	3	甲 9	4	36	12
中 960	4	乙 7		28	7
外 1200	5	丙 5		20	5

草曰：置内营七百二十步于左上，中营九百六十步于中，外营一千二百步于下。又各以二百四十约之，内营得三，中营得四，外营得五。别置甲行九于右上，乙行七于右中，丙行五于右下，以求整数。以右位再倍，上得三十六，中得二十八，下得二十。以左上三除右上三十六得十二周。以左中四除右中二十八得七周。以左下五除右下二十得四周。是甲、乙、丙行周数。

古为今用　　求　周　期

从"三女归宁"到"环山相会"解决了求几个分数的最小公倍数的问题，这个方法在中学数学学习中还是很有用的。我们通过几个例题来说明它的应用。

例 1 有三个工人从砖垛往砌墙的脚手架上运砖，来回一次甲要

15.6分钟，乙要16.8分钟，丙要18.2分钟。现在三人同时从砖垛处出发，最少要几分钟三人同时回到砖垛处？

这是我国著名数学家陈景润《初等数论》中的一道题。本来最小公倍数是对整数而言的，他已把这个概念和方法延伸到小数，把15.6，16.8，18.2当成整数看待（即把0.1分钟当作计量单位1，则上述三数就是156、168、182三个整数了）。

解法1 $[15.6, 16.8, 18.2] = [[15.6, 16.8], 18.2]$

$$= \left[\frac{15.6 \times 16.8}{(15.6, 16.8)}, 18.2\right] = \left[\frac{15.6 \times 16.8}{1.2}, 18.2\right]$$

$$= [218.4, 18.2] = 218.4$$

用更相减损术

	15.6	16.8	
		15.6	1
12	14.4		
	1.2	1.2	

所以，最少需要218.4分钟，即3小时38.4分钟三人同时回到砖垛处。

解法2 用"环山相会"的方法，有

$$[15.6, 16.8, 18.2] = \left[\frac{156}{10}, \frac{168}{10}, \frac{182}{10}\right]$$

$$= \frac{[156, 168, 182]}{(10, 10, 10)} = \frac{2184}{10} = 218.4$$

对高中生来说，公式

$$\left[\frac{b}{a}, \frac{d}{c}, \frac{f}{e}\right] = \frac{[b, d, f]}{(a, c, e)}$$

是一个有用的公式，它为我们解决了求若干个周期函数的周期提供了一般方法。

下面介绍一个小学生的数学题，算是相当难的了，消化例1陈景润的方法，就可以化难为易了。

例2 已知猫跑5步的路程与狗跑3步的路程相等。猫跑7步的路程与兔跑5步的路程相等。而猫跑3步的时间与狗跑5步的时间相等。猫跑3步的时间与兔跑7步的时间相等。猫、狗、兔沿着周长为300米

的圆形跑道，同时同地同向出发。当它们出发后第一次相遇时各跑了多少路程？

这题的难点在于单位不统一，"猫步""狗步""米"如何统一？时间单位如何取？都是要解决的问题，其关键是求出它们的速度比。

解 设 $v_猫$，$v_狗$，$v_兔$ 分别表示猫、狗和兔的跑步速度，$t_猫$，$t_狗$，$t_兔$ 分别表示它们跑 1 步所用的时间，由条件：猫跑 5 步的路程与狗跑 3 步的路程相同，得

$$v_猫 \cdot t_猫 \cdot 5 = v_狗 \cdot t_狗 \cdot 3$$

$$\frac{v_猫}{v_狗} = \frac{3t_狗}{5t_猫}$$

又因为猫跑 3 步的时间与狗跑 5 步的时间相同，即

$$t_狗 \cdot 5 = t_猫 \cdot 3$$

$$\frac{t_狗}{t_猫} = \frac{3}{5}$$

$$\therefore \frac{v_狗}{v_猫} = \frac{25}{9}$$

就是说，猫与狗速度之比是 9∶25，同理可以算出：猫与兔速度之比是 15∶49。这样猫速∶狗速∶兔速 = 27∶75∶245

设单位时间内猫跑 1 米，则狗跑 $\frac{25}{9}$ 米，兔跑 $\frac{49}{25}$ 米，则

狗追上猫一圈需 $300 \div \left(\frac{25}{9} - 1\right) = \frac{675}{4}$（单位时间），

兔追上猫一圈需 $300 \div \left(\frac{49}{25} - 1\right) = \frac{625}{2}$（单位时间）

猫、狗、兔再次相遇的时间应是 $\frac{675}{4}$ 与 $\frac{625}{2}$ 的最小公倍数。

$\therefore$ 它们相遇的时间为 $\left[\frac{675}{4}, \frac{625}{2}\right] = \frac{[675, 625]}{(4, 2)} = \frac{16875}{2} = 8437.5$（单位时间）

此时，猫跑了 $8437.5 \times 1 = 8437.5$（米），狗跑了 $8437.5 \times \frac{25}{9} = 23437.5$（米），兔跑了 $8437.5 \times \frac{49}{25} = 16537.5$（米）。

注：若一个分数被若干分数除的商都是整数，则称这个分数为这几个分数的公

倍数，其中最小的一个叫最小公倍数；若一个分数除若干分数所得的商都是整数，则称这个分数是这几个分数的公约数，其中最大的一个叫最大公约数。

公式：$\left[\dfrac{b}{a},\dfrac{d}{c}\right]=\dfrac{[b,d]}{(a,c)}$，$\left(\dfrac{b}{a},\dfrac{d}{c}\right)=\dfrac{(b,d)}{[a,c]}$

例 3 求函数
$$f(x)=\sin 3x+\sin 15x+\sin 24x$$
的周期。

解 $\sin 3x$、$\sin 15x$、$\sin 24x$ 的周期分别是
$$T_1=\dfrac{2\pi}{3},\quad T_2=\dfrac{2\pi}{15},\quad T_3=\dfrac{2\pi}{24}=\dfrac{\pi}{12}$$

$f(x)$ 的周期应是 T_1，T_2，T_3 的最小公倍数，即
$$[T_1,T_2,T_3]=\left[\dfrac{2\pi}{3},\dfrac{2\pi}{15},\dfrac{\pi}{12}\right]=\pi\cdot\dfrac{[2,2,1]}{(3,15,12)}=\dfrac{2\pi}{3}$$

所以，函数 $f(x)$ 的周期是 $T=\dfrac{2\pi}{3}$。

读读练练	练 习 题

求下列函数的周期：

1. $y=\sin 15x+\sin 21x+\sin 30x$

2. $y=\sin\dfrac{14\pi}{3}x-\sin\dfrac{7\pi}{4}x+\sin\dfrac{21\pi}{5}x$

答案：1. $\dfrac{2}{3}\pi$；2. $\dfrac{120}{7}$

16 船缸均载

三百六十一只缸　任君分作几船装

不许一船多一只　不许一船少一缸

答曰：一十九只

选自《算法统宗》

16 船缸均载

今有水缸 361 个，分装在若干个船上，要求每船所装的缸数相等，问共需多少只船？每船装几个缸？

解 因为 $361 = 19 \times 19$

所以需要 19 只船，每船装 19 个缸。

说明：一般初中教学中，要求学生能熟记 20 以内的完全平方数，所以本题应能一口报出答案来。

民间趣事　　娃娃题难倒研究生

在 2010 年 3 月 20 日的《扬子晚报》上曾载文《一道小学题难倒理科研究生》，说的是一个小学四年级的数学题，难倒了一群人。原题是这样的：

甲、乙两人在铁路两边以同样的速度沿铁路方向相向而行，恰好有一列火车开来，整个火车经过甲身边用了 18 秒，2 分钟后又用了 15 秒从乙身边开过，已知火车速度是甲速度的 11 倍，问火车经过乙身边后，甲乙二人还需要多少时间才能相遇？

家长 Y 女士一时没做出来，在 QQ 群里发给老同学，他说："当天在线的初中同学里，有在中国科学技术大学、重庆大学读研的，有在中国核电、华为等公司的，有保送中国科学院的，而且都是理科生！蛮以为这种小学题，同学们一会儿就搞定了，却没想到，才子们在一起研究了一个下午，还研究出一个错误答案来。

火车离开甲，遇到乙的时间是 120 秒，在这段时间里火车行程是 $120 \times 11V_甲$，甲行进的路程 $120V_甲$，15 秒后，火车离开乙，此时甲乙相距 $1200V_甲 - 15 \times 2V_甲 = 1170V_甲$。显然，只要 585 秒，甲乙即可相遇。

这个答案让 Y 女士犯了愁，因为答案不是这个。最后，还是解放军理工大学的王老师给出了正确答案。"

文章写得很风趣，做数学题犯这样那样的错误，可以说是"人之常情"。我记得 1979 年，"四人帮"打倒后，在旌德召开"安徽省第二届数学学会年会"，我参加了那个会议。大数学家吴文俊做《希尔伯特〈几何基础〉和数学机械化证明》的学术报告，当时，他研究"数学机械化证明"已初出成果。他讲:"不出初中范围,出一道平面几何题,大学教授、高级研究员做不出来的多的是。"我们听了,非常高兴,这简直是对中小学数学教师的一种解脱。

这个题作为奥赛训练题来说,不算太难,关键是要画图分析(图16-1),弄清各个时刻车、甲、乙的准确位置。

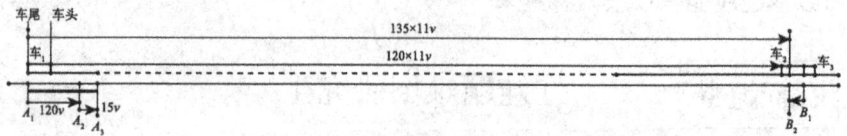

图 16-1

分析 设甲(乙)的速度为 v,车尾离开甲在 A_1 位置,开行 120 秒后,车头与乙相遇在 B_1 位置,车尾在车$_2$处,火车行了 $120 \times 11v$ 的距离;火车继续开行 15 秒,车尾与乙相遇在 B_2 位置,行走的距离是

$$(120+15) \times 11v = 135 \times 11v$$

同时,甲从 A_1 走到 A_3,所走的距离是

$$(120+15)v = 135v$$

这时,甲乙的距离是

$$A_3B_2 = 135 \times 11v - 135v = 135 \times 10v = 1350v$$

甲乙二人相向而行,速度均为 v,故相会的时间是

$$T = \frac{1350v}{2v} = 675 \text{(秒)}.$$

再讲一个例题。小朋友 N 小学毕业,考了一道题,看似普通的行程问题,有点难度,也还好玩。原题是:

例 某校用校车送 95 个学生 4 个老师到 33 千米处的公社去进行社会调查,校车限载 25 人,车速 55 千米/时,人步行速度是 5 千米/时,问如何用最短的时间把师生送到目的地?

如果完全用车运送,需要 4 趟(即 4 送 3 回)才能全部送到目的地,显然,这不是最短时间。要想用最短时间,必须人走、车运同时进行,所有人同时到达目的地。

解法 1 设每人坐车的里程为 y 千米,师生步行 x 千米,则
$$x+y=33$$

第一次车载 25 人,人车同时出发,车行 y 千米下客,这时人、车相距

$$y-\frac{y}{11}=\frac{10}{11}y$$

空车返回接客,人车相遇的时间是

$$\frac{10}{11}y \div (55+5)=\frac{10}{11}y \times \frac{1}{60}=\frac{y}{66}$$

第一次空车返回接客所走的路程为

$$\frac{y}{66} \times 55=\frac{5}{6}y$$

把所有师生送完,需 3 送 3 返,车行的总路程为

$$3y+3 \times \frac{5}{6}y=\frac{11}{2}y$$

因为车行时间与人行时间相等,所以

$$\frac{\text{车行距离}}{\text{人行距离}}=\frac{\text{车速}}{\text{人速}}=\frac{11}{1}, \text{即} \frac{\frac{11}{2}y}{x}=\frac{11}{1}$$

$$y=2x$$

即车行 22 千米,人行 11 千米

故人步行时间为 $T_1=\dfrac{x}{5}=\dfrac{11}{5}=2.2$(小时)

人乘车的时间是 $T_2=\dfrac{y}{55}=\dfrac{22}{55}=0.4$(小时)

所以,把师生送到目的地的最短时间是 $T_1+T_2=2.6$ 小时。

下面介绍第二种解法,中国古代习惯用比例的方法来解,匀速运动中,时间相等,距离的比等于速度的比。

解法 2 设第一组人乘,其余的人步行,人行 S_1 千米,车行 S_2 千米,由题设条件知

$\dfrac{S_1}{S_2}=\dfrac{1}{11}$,即 $S_2=11S_1$

空车第一次返回,与步行的人相遇,这时人继续行走了 S_3 km,车行 S_4 km,于是

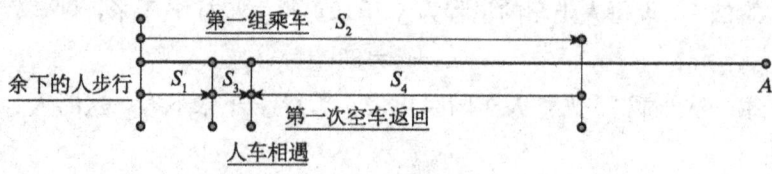

图 16-2

$$\begin{cases} \dfrac{S_3}{S_4} = \dfrac{1}{11} \\ S_3 + S_4 = 10 S_1 \end{cases}$$

$$S_4 = 11 S_3$$

代入 $12 S_3 = 10 S_1$

∴ $S_3 = \dfrac{5}{6} S_1$

$$S_1 + S_3 = \dfrac{11}{6} S_1$$

这是汽车往返一次人步行的距离，像这样的距离人行三段，车行一段，故

$$3(S_1 + S_3) + S_2 = 33, \quad \dfrac{11}{2} S_1 + 11 S_1 = 33$$

求得 $S_1 = 2$

人步行的距离是 $3 \times \dfrac{11}{6} S_1 = 11$ 千米   车行 22 千米

步行时间 $11 \div 5 = 2.2$ （小时）

车行 s_2 的时间 $22 \div 55 = 0.4$ （小时）

合计运完所有师生需   2.6 小时

读读练练   练 习 题

一支轻骑摩托小分队奉命把一个重要的文件送到距小分队驻地 300 千米以外的指挥部。每辆摩托装满油最多能行 300 千米，途中无加油站。为保证顺利完成任务，队长想出一个巧妙的方法：用三辆摩托车执行此项任务，恰好有一辆摩托可以把情报刚好送到指挥部，另外两辆安全返回驻地。（三辆摩托所带的油全部用完）。那么，指挥部距小分队驻

地多少千米？

答案：460千米。

提示：3辆摩托一起出发，行至耗油$\frac{1}{5}$的地点A停下，一号车取出的油把二、三号车加满油，还剩下的油等在A地；二、三号从A地往前行驶至耗油量为满油量的$\frac{1}{3}$处B停下，二号车取出的油将三号车加满，二号车返回，正好用完自己剩下的油到达A地，然后，一、二号车平分箱油，正好安全返回驻地；三号车从B地以满油箱的油量向前行驶300千米，刚好到达指挥部。所以，指挥部距驻地

$$300\times\left(1+\frac{1}{3}+\frac{1}{5}\right)=460（千米）$$

17 圆田求积

1. 今有圆田，周三十步，径十步，问为田几何？

答曰：七十五（方）步

2. 又有圆田，周一百八十一步，径六十步三分步之一，问为田几何？

答曰：十一亩九十步、十二分步之一

术曰：半周半径相乘得积步

选自《九章算术》

这是《九章算术》方田章第三十一、三十二题，虽然是简单的圆形地积的计算题，但对后世影响极大，掀开了我国圆周率研究的序幕。

1. 已知圆的周长 $c=30$ 步，直径 $d=10$ 步，求圆田面积 A。

2. 已知圆的周长 $c=181$ 步，直径 $d=60\frac{1}{3}$ 步，求圆的面积 A。

计算法则 $\qquad A=\dfrac{c}{2} \cdot \dfrac{d}{2}$

这个公式是正确的。我们熟知 $A=\pi r^2=\pi\left(\dfrac{d}{2}\right)^2=\dfrac{c}{2} \cdot \dfrac{d}{2}$

解法1 $\quad A=\dfrac{1}{2}\times 30\times\dfrac{1}{2}\times 10=15\times 5=75$（平方步）

解法2 $\quad A=\dfrac{1}{2}\times 181\times\dfrac{1}{2}\times 60\dfrac{1}{3}=\dfrac{32761}{12}=2730\dfrac{1}{12}$

$\qquad\qquad =2640+90\dfrac{1}{12}$（平方步）

按秦汉时代的田亩制度：

1 亩＝240 平方步，2640 平方步＝11 亩

故圆田面积为十一亩九十步、十二分步之一。

从外表看，这是一道很容易的题。但仔细想一想，却觉得有一些问题：首先是条件多余。既然周长已知，直径就可以算出来，为什么还要作为已知条件给出呢？其次给出的周长和直径的关系是"周三径一"，这里的误差太大，算出来的面积就很不准确。那么，这个田的面积究竟应该怎样计算才对呢？问题的核心是圆周率 π 应该怎样求。千百年来，众多数学家对此进行了研究，取得了举世瞩目的成果。这里介绍刘徽在公元 263 年对本题所作的注解，从中可以看出他超越时代的光辉的数学思想。

智慧之光　　　　刘 徽 割 圆

圆的周长与直径的比值（即圆周率 π）是人们生活中几乎天天碰到的数据。世界各大文明古国都十分重视圆周率的研究，可以说"历史上一个国家计算圆周率的准确度是衡量这个国家当时数学水平的一个标志。"我国最古老的天文数学著作《周髀算经》（成书约在公元前 100 年）中就有"周三径一"之说，所以题中的数据就是取 π≈3。我国古代数学家刘歆、张衡、皮延宗、祖冲之等都对圆周率的计算作出了杰出的贡献，特别是刘徽的割圆思想和计算方法，有许多值得学习和借鉴的地方。

1. 倍边公式

刘徽从圆内接正六边形出发，将边数倍增，得到正十二边形，正二十四边形，如此继续下去，则正多边形的面积就愈来愈接近于圆的面积，"割之弥细，所失弥少，割之又割，以至于不可割，则与圆合体而无所失矣。"在这里显示了刘徽超越时代的数学思想，在这一思想的指导下，利用极限的方法来解决了圆面积的计算问题，与牛顿—莱布尼茨创立积分法的思想是一致的。

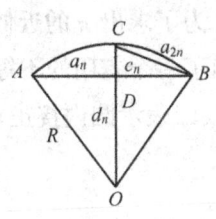

图 17-1

如图 17-1，设 $AB=a_n$ 为圆内接正 n 边形的一边，R 为半径，$d_n=OD$ 为边心距，$BC=a_{2n}$ 为圆内接正 $2n$ 边形的一边，$c_n=DC$ 称为 a_n 的

余径，又是 a_{2n} 的小勾。

由图 17-1 知

$$a_{2n}^2 = \left(\frac{a_n}{2}\right)^2 + c_n^2 \qquad (17\text{-}1)$$

$$c_n = R - \sqrt{R^2 - \frac{1}{4}a_n^2}$$

刘徽利用图中大、小直角三角形的关系，依次算出 d_n，c_n，a_{2n}^2，$\cdots$，一直算到 a_{96}^2，有兴趣的同学，可以利用计算器进行计算（图 17-2）。

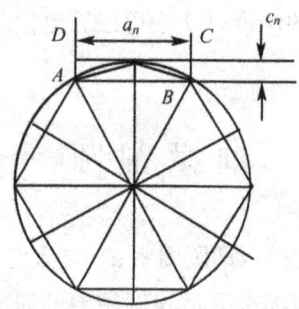

图 17-2

由 (17-1) 得

$$a_{2n}^2 = \frac{1}{4}a_n^2 + \left(R - \sqrt{R^2 - \frac{1}{4}a_n^2}\right)^2 = 2R^2 - R\sqrt{4R^2 - a_n^2} \qquad (17\text{-}2)$$

这就是中学课本中学到的倍边公式。

2. 刘徽不等式

为了求出 π 的近似值，并估算误差的大小，刘徽用很巧妙的方法，导出了一个有用的不等式——刘徽不等式。

A_n 表示圆内接正 n 边形的面积，A 表示圆的面积，则有

$$A_{2n} < A < A_{2n} + A_{2n} - A_n \qquad (17\text{-}3)$$

即

$$0 < A - A_{2n} < A_{2n} - A_n \qquad (17\text{-}4)$$

从图 17-2 直观地看，不等式 (17-4) 是很明显的，因为

$$A_{2n} < A < A_n + nS_{ABCD}$$

而

$$nS_{ABCD} = na_n c_n = 2(A_{2n} - A_n)$$

$$A_{2n} < A < A_n + 2(A_{2n} - A_n)$$

即得 (17-3) 式：

$$A_{2n} < A < A_{2n} + (A_{2n} - A_n)$$

把它改写成(17-4)式：
$$0 < A - A_{2n} < A_{2n} - A_n$$
当 $n \to \infty$ 时，$A_{2n} - A_n \to 0$，故 $A_{2n} \to A$。

刘徽的巧妙变形，令人叹服。特别需要说明的是，刘徽所用的方法与1500多年以后，德国数学家魏尔斯特拉斯（Weierstrass，1815～1897）提出的"单调有界数列必有极限"定理从思想方法上说是完全一致的。(17-4)式不但给出了计算方法，而且解决了误差估计问题，从而提高了计算的精度，这在当时是非常了不起的。

3. 正多边形面积公式
$$2A_{2n} = n \times a_n R = 周长 \times 半径$$

利用余径三角形，将正 $2n$ 边形"解体"，导出正多边形面积的计算公式，从而引出圆的面积等于"半周与半径相乘"的结论，这是刘徽"析理以辞"、"解体用图"思想的具体应用，是很值得学习的重要方法（图17-3）。

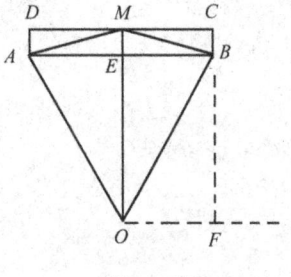

图 17-3

如图17-3，设 $a_n = AB$ 是正 n 边形的一边，$a_{2n} = MB$ 是正 $2n$ 边形的一边。

$$S_{\triangle MOB} = \frac{1}{2n} A_{2n} \qquad (17\text{-}5)$$

因为 $Rt\triangle OEB \cong Rt\triangle OFB$， $Rt\triangle MEB \cong Rt\triangle BCM$

所以
$$S_{\triangle MOB} = \frac{1}{2} S_{矩形 MOFC}$$
$$= \frac{1}{2} OF \cdot OM = \frac{1}{4} a_n R$$

这样，由(17-5)得
$$A_{2n} = 2n S_{\triangle MOB} = \frac{1}{2} n a_n R \qquad (17\text{-}6)$$

公式（17-6）就解决了用 a_n 计算 A_{2n} 的问题了。

这是刘徽在《九章算术》第23题的注解中所用的基本思想和方法，得到了 $\pi = 3.141024$ 的结果，其精度为当时世界之冠。即使在今天，圆周率仍然有许多值得研究的地方，可以作为研究性课题，步刘徽的后尘，再做一些深入的研究。

> **读读练练**　　　　练 习 题

又有圆田，周一百八十一步，径六十步三分步之一。问为田几何？
答曰：十一亩九十步、十二分步之一

选自《九章算术》

请读者依次用 π≈3，$\frac{22}{7}$，$\frac{355}{113}$ 进行验算。

18 系羊问索

旷野之地有个桩　桩上系着一腔羊
团团踏破三亩二　试问羊绳几丈长
答曰：绳长八丈

　　　　　　　　　选自《算法统宗》

一条绳索系着一只羊,羊踏坏一块面积为 3.2 亩的圆形庄稼,试求绳索的长度(取明制 1 步＝5 尺,1 亩＝240 平方步,π 取 3)。

解 先将圆的面积化为平方步
$$3.2 \times 240 = 768 \text{（平方步）}$$
设圆的半径为 r,则面积 $S = \pi r^2 = 3r^2$,由
$$3r^2 = 768, \quad r^2 = 256$$
所以 $r = 16$ 步。将步化为尺,得
$$r = 16 \times 5 = 80 \text{（尺）} = 8 \text{（丈）}$$

中算典籍　　珠算宝典——《算法统宗》

《算法统宗》是程大位的一部主要著作,他在年轻时外出经商、求教、调研所搜集的资料的基础上,用 20 年的时间编著而成。全书 17 卷,1592 年发行。列举算题 595 个,不仅满足了当时民间日用之需、农商经营之用,而且集珠算之大成,一举改革了筹算占用面积大、运算慢的缺点,完成了筹算到珠算的转变。特别是一整套的运算口诀和算法歌诀,朗朗上口、好读好使,大大推动了中国的数学教育,几乎每一个中国人,甚至文盲都会背"一上一,二上二,三下五去二,……",都能用算盘进行加减运算,这种普及数学教育的力度可以说空前"绝后"。尽管现在计算器人人会用,但中国古算的特点是"寓理于算,不证自明","3＋2＝5"就是"三下五去二",道理不讲自知,而计算器就不知道它是怎样算的了。所以此书出版以后"风行宇内,迄今盖已有数十余年,海内持筹握算之士,莫不家藏一篇,若业制举者之于四子书、五经义,翕然奉以为宗"。这是康熙五十五年(1716)的再版序言,它充分说明此书深受人民大众的欢迎,明末毛利重能到中国学习数学,将此书传到日本,直到今天,日本人还十分重视珠算的教育和学习(图 18-1)。

全书基本上按《九章》体例,篇名略有改动,集当时中算之大成,循序渐进,系统性强。许多算法、例题,均以歌诀形式给出,浅显易记,使用方便。乘除是珠算中难学的内容,真正理解了歌诀的意义,都

图 18-1

可以打得准确无误,例如,留头乘法则:

下乘之法此为真　起手先将得二因
三四五来乘遍了　却将本位破其身

归除法则:

惟有归除法更奇　将身归了次除之
有归若是无除数　起一还将原数施
或遇本归归不得　撞归之法莫教迟
若人识得中间意　算学虽深尽可知

正如程氏所说,真正理解了法则的意义,归除不仅会打,而且永远不会忘记。

本书选讲了《算法统宗》许多例题,理论上的价值无须多说。中算史专家李俨先生说:"在中国古代数学的整个发展过程中,《算法统宗》是一部重要的著作,从流传的长久、广泛和深入讲来,那是任何其他数学著作不能与它相比的。"

好玩的数学 | 中国古算解趣

读读练练　　　　练　习　题

　　昨日丈量田地回　记得长步整三十
　　广斜相并五十步　不知几亩及分厘

选自《算法统宗》

答曰：二亩

19 推车问里

二人推车忙且苦　半径轮该尺九五

一日推转二万遭　问君里数如何数

答曰：一百三十里

选自《算法统宗》

祖冲之
(429~500)

本题是指由二人一推一拉的独轮车,已知车轮半径为一尺九寸五分,一日推转二万周,问日行多少里?

注意:题中取明代的度量制度,1 步=10 寸,1 步=5 尺,1 里=360 步,题中圆周率 $\pi \approx 3$(这是近似地估算,平时计算中不能取 3。)

解 已知车轮半径 $r=19.5$ 寸,其周长 $c=2\pi r=117$ 寸

车轮每日转二万周,共行程

$$117 \times 20000 = 2340000 (寸)$$

按明代计量制度

$$1 \text{ 里} = 360 \text{ 步} = 360 \times 50 \text{ 寸} = 18000 \text{ 寸}$$

故每日行程

$$2340000 \div 18000 = 130 (里)$$

古往今来　　连　分　数

祖冲之究竟是怎样得到 π 的密率和约率的呢?史书上没有记载。众多学者猜测纷纭,有说是"加成分数法",有说是"连分数法",有说是"更相减损法"。这里介绍一种比较好接受的方法,即用更相减损法把 π 化为连分数,从而求出它的渐进分数。这仅是从一个角度来说明"约率"和"密率"的来由,使读者对祖冲之的伟大成就有一个初步的认识。

先用一个简单的例子来说明化连分数的方法。

例 1 把 3.21 化成连分数。

解 先把整数分离出来,把小数部分用真分数表示,再化为分子是 1 的繁分数。

$$3.21 = 3 + \frac{21}{100} = 3 + \cfrac{1}{\cfrac{100}{21}}$$

这时,$\frac{100}{21}$ 是假分数,重复以上步骤,把整数部分分离出来,小数部分用真分数表示,再化为分子是 1 的繁分数,如此继续下去

	左	右	
	100	21	
4	84		
		16	1
	16	5	
3	15		
		1	

$$3.21 = 3 + \cfrac{1}{4+\cfrac{16}{21}} = 3 + \cfrac{1}{4+\cfrac{1}{\cfrac{21}{16}}}$$

$$= 3 + \cfrac{1}{4+\cfrac{1}{1+\cfrac{5}{16}}} = 3 + \cfrac{1}{4+\cfrac{1}{1+\cfrac{1}{3+\cfrac{1}{5}}}}$$

上面的运算过程可以用更相减损法很快地写出来。将上式中 21/100 的分母、分子分列于左、右两列，取倒数并化为带分数得 $4\frac{16}{21}$，整数部分 4 在左外侧。余数 16 是新的分子，21 是新的分母。如此继续下去，直到最后 1 个分子是 1，分母是 5，终止于 $\frac{1}{5}$。

由于连分数的上述形式既占篇幅，又容易出错，通常简记成以下的形式：

$$3.21 = 3 + \cfrac{1}{4+\cfrac{1}{1+\cfrac{1}{3+\cfrac{1}{5}}}}$$

注意：从 $\frac{1}{4}$ 开始，后面的加号一定要与分母在同一行上。实际运算中，可以根据更相减损法的竖式，直接写成连分数的简记形式。

逐次舍去末尾的分数，可获得 3.21 的一系列的近似分数，这种近似分数称为渐进分数。其道理非常明显，很容易想象得到。舍去像"宝塔"一样的最下层的分母中的"小分数"，得到的显然是原数的不足或过剩近似值。

下面写出 3.21 的不足和过剩近似值：

$$3^{(-)}$$
$$3 + \frac{1}{4} = \frac{13^{(+)}}{4}$$
$$3 + \cfrac{1}{4+\cfrac{1}{1}} = 3 + \cfrac{1}{4+1} = \frac{16^{(-)}}{5}$$

$$3 < 3.21$$
$$3 < 3.21 < 3 + \frac{1}{4}$$
$$\frac{16}{5} < 3.21$$

$$3+\cfrac{1}{4+\cfrac{1}{1+\cfrac{1}{3}}}=3+\frac{4}{19}=\frac{61^{(+)}}{19}$$

$$\frac{16}{5}<3.21<\frac{61}{19}$$

$$3+\cfrac{1}{4+\cfrac{1}{1+\cfrac{1}{3+\cfrac{1}{5}}}}=\frac{321}{100}$$

所以 3.21 的渐进分数是：$3^{(-)}, \frac{13^{(+)}}{4}, \frac{16^{(-)}}{5}, \frac{61^{(+)}}{19}, \frac{321}{100}$。

我们知道，有理数都可以表示成一个既约分数，用上述方法就能写成连分数形式。对于无理数，可以通过它的有限小数的近似值化为连分数（近似的），也可以借助于数学变换，求得它的连分数的表达形式。

例 2 把 $\frac{\sqrt{5}-1}{2}$ 化为连分数。

解 $2<\sqrt{5}<3$，$1<\sqrt{5}-1<2$

$$\frac{1}{2}<\frac{\sqrt{5}-1}{2}<1$$

用以下的方法进行变形：先把分子化为 1，再把分母的整数部分分离出来，对小数部分重复上述步骤，穿插进行分子、分母有理化运算。

$$\frac{\sqrt{5}-1}{2}=\cfrac{1}{\cfrac{2}{\sqrt{5}-1}}=\cfrac{1}{\cfrac{\sqrt{5}+1}{2}}=\cfrac{1}{1+\cfrac{\sqrt{5}-1}{2}}=\cfrac{1}{1+\cfrac{1}{1+\cfrac{\sqrt{5}-1}{2}}}=\cdots$$

一直化下去，得到一个无限的连分数

$$\frac{\sqrt{5}-1}{2}=1+\cfrac{1}{1+\cfrac{1}{1+\cfrac{1}{1+\cdots}}}$$

它的渐进分数是 $1, \frac{1}{2}, \frac{2}{3}, \frac{3}{5}, \frac{5}{8}, \frac{8}{13}, \cdots$

读者可能会问，一个实数为什么要写成这样复杂的连分数形式呢？

仔细想想就会明白，它表示：

（1）一个实数可以用连分数的形式表示出来（有限的或无限的）；

（2）连分数的表示式中，"宝塔"式的分数线的层数越多，精度就越高；

（3）逐次截去末尾的分数，可以得到一组用分数来逼近实数的渐进分数。事实上，把一个实数展开成连分数

$$a = a_0 + \cfrac{1}{a_1 + \cfrac{1}{a_2 + \cdots}}$$

即

$$a = a_0 + \cfrac{1}{a_1 + \cfrac{1}{a_2 + \cfrac{1}{a_3 + \cdots}}}$$

截去尾数，得到的渐进分数依次记为

$$\frac{q_0}{p_0}, \frac{q_1}{p_1}, \frac{q_2}{p_2}, \ldots, \frac{q_n}{p_n} \ldots$$

理论上可以证明，这些分数具有以下性质：

（1）都是既约分数；

（2）下标是偶数的近似分数是不足近似值，下标是奇数的是过剩近似值；

（3）这些渐进分数都是最佳近似分数。就是说，在所有分母不大于 p_k 的分数中，$\frac{q_k}{p_k}$ 与 a 的误差 $\left|a - \frac{q_k}{p_k}\right|$ 为最小。

智慧之光　　　**祖冲之妙算惊四方**

我们都知道，祖冲之研究圆周率的成果包含下面三个方面：

$$3.1415926 < \pi < 3.1415927$$

密率　π

约率　π

这是祖冲之在刘徽割圆的基础上经过精确计算得到的密率，也是世界上最好的结果，并保持了1000多年。英国李约瑟在《中国科学技术史》中称祖冲之的密率"是一个非凡的成就。"

祖冲之在历法上的贡献也很大。十九年七闰在我国使用了近两千

年，随着观测精度的不断提高，发现不够精确。祖冲之在 1500 多年前就提出"以旧章法，十九年七闰，闰数为多，经二百年辄差一日，节闰既移，则应改法。"他实测地球绕太阳一周是 365 天，月亮绕地球一周是 $\frac{116321}{3939}$ 天，一年的月数应是

$$\frac{365\frac{9589}{39491}}{\frac{116321}{3939}}=12\frac{1691772624}{4593632611}$$

根据这个数据，一年设 12 个月时间少了，设 13 个月又太多了，究竟如何设置闰月才合理呢？

我们用更相减损法求出最大公约数，并展开成连分数，用渐进分数来表示闰月设置的规律。

	4593632611	1691772624	
2	3383545248	1210087363	1
	1210087363	481685261	
2	963370522	246716841	1
	246716841	234968420	
1	234968420	223219999	19
	11748421	11748421	

所以， $(4593632611, 1691772624)=11748421$

把上述分数约分后展开成连分数

$$\frac{1691772624}{4593632611}=\frac{144}{391}=\cfrac{1}{2+\cfrac{1}{1+\cfrac{1}{2+\cfrac{1}{1+\cfrac{1}{1+\cfrac{1}{19}}}}}}$$

它们的渐进分数是

$$0^{(-)}, \frac{1}{2}^{(+)}, \frac{1}{3}^{(-)}, \frac{3}{8}^{(+)}, \frac{4}{11}^{(-)}, \frac{7}{19}^{(+)}, \frac{144}{391}^{(-)}$$

所以，一般地说，闰月的设置是 3 年闰 1，8 年闰 3，11 年闰 4，19 年闰 7，按祖冲之的结果，391 年应置 144 个闰月，并且他说："十九岁有七闰，闰数为多，经二百年辄差一日，节闰既移，则应改法。"从这里

就可以看出其中的道理了。

下面我们在祖冲之求得 π 盈朒二数的基础上，利用连分数的知识来推算 π 的约率和密率。

取 $\pi \approx 3.14159265 = 3\frac{14159265}{100000000} = 3\frac{2831853}{20000000}$，用更相减损法展开成连分数

	20000000	2831853	
7	19822971	2655435	15
	177029	176418	
1	176418	175968	288
	611	450	

所以，$3.14159265 = 3 + \cfrac{1}{7 + \cfrac{1}{15 + \cfrac{1}{1 + \cfrac{1}{288 + \cfrac{450}{611}}}}}$

逐次去掉尾数，得到一系列渐进分数

$$3, \frac{22}{7}, \frac{333}{106}, \frac{355}{113}, \cdots$$

祖冲之取 $\frac{22}{7}$ 为约率，$\frac{355}{113}$ 为密率，对古代精通分数运算的中国人来说，不仅提供了方便，而且密率已达到 6 位小数的精度，创造了惊人的世界纪录，并且保持了 1000 多年，体现了中国人用分数逼近实数的科学思想和异乎寻常的计算功底。

本丛书主编张景中院士在前言中用简单的初等推理证明了："在所有分母不超过 16586 的分数中和 π 最接近的分数是 $\frac{355}{113}$。"这把华罗庚、夏道行等许多数学家的研究成果大大推进了一步。突出显示了"鸡刀宰牛"的非凡之功。

读读练练   **练 习 题**

1. 现测地球绕太阳一周是 365.2422 天，月亮绕地球一周是

29.5306 天，以此数据为基础，排出闰月的安排规律，并与祖冲之的结果加以比较。

2. 本节例 2 中 $\dfrac{\sqrt{5}-1}{2}$ 的渐进分数是

$$1, \frac{1}{2}, \frac{2}{3}, \frac{3}{5}, \frac{5}{8}, \frac{8}{13}, \cdots$$

写出各分子所组成的数列，并找出相邻三项的递推关系。

答案：$a_{n+2}=a_{n+1}+a_n$

20 僧分馒头

一百馒头一百僧　　大和三个更无争
小和三人分一个　　大小和尚得几丁
答曰：大和尚二十五人，该馒头七十五个；
小和尚七十五人，该馒头二十五个

选自《算法统宗》

这是我国家喻户晓的一道名题，通常作为小学训练思维的心算题。

今有大小和尚共 100 人，分食 100 个馒头。已知大和尚 1 人分 3 个，小和尚 3 人分 1 个，问大小和尚各有多少人？他们分别分到多少个馒头？

解法 1 中算古法

$$\begin{array}{ll} 大和尚\ 1\ 人 & 分馒头\ 3\ 个 \\ 小和尚\ 3\ 人 & 分馒头\ 1\ 个 \\ \hline 合计\quad 和尚\ 4\ 人 & 馒头\ 4\ 个 \end{array}$$

从给定的条件看来，4 个和尚分 4 个馒头，人员的结构比例是：大和尚：小和尚＝1：3，并且，大和尚分的馒头数：小和尚分的馒头数＝3：1。现在已知 100 个和尚分 100 个馒头，按此比例，很容易求得

大和尚
$$100 \div (3+1) = 25（人）$$

小和尚
$$100 \div 4 \times 3 = 75（人）$$

大和尚分馒头
$$25 \times 3 = 75（个）$$

小和尚分馒头
$$75 \div 3 = 25（个）$$

解法 2 列方程解应用题

设大和尚有 x 人，小和尚有 y 人，则

$$\begin{cases} x+y=100 \\ 3x+\dfrac{1}{3}y=100 \end{cases}$$

消去 y 求得

$$x=25 \qquad （下略）$$

这个题目用比例的方法来计算十分简单。我国古代对比和比例作了深入的研究，取得了丰富的成果，我们将通过一些例题作简单的介绍。

| 古往今来 | "生金蛋的母鸡"——今有术

"今有术"是我国古代数学的一种常用的方法,其实质就是比例运算。

大家知道,在远古时代,人们为了生活,必须进行交换。最初的交换形式是"物物交换",这种最原始的交换形式,却是世界各国数学发展史上一个重要的生长点,从它出发繁衍、派生出许多不寻常的结果来。

物物交换应该有一个"标准",就是说两物之间应该有一个相对稳定的比率关系,使交换物品的数量可以扩大或缩小相同的倍数,而这个比率不变。我们的祖先就从这个简朴的思想出发,概括出比率的基本概念和基本性质,解决了生产、生活中的众多问题。

下面我们简单地介绍一下今有术的历史背景和发展轨迹,重在领会思想,不必深究一些难懂的词语。

由于成本和劳务的不等,在物物交换中,逐渐形成了二者之间一定的比例关系。按照这种约定的比例关系,由已知物品的数量,就可以算出被换物品的数量。所以,在《九章算术》里,专列"粟米"一章,论述"以御交质变易"的方法,即讲解物物交换和按比例折算的基本方法。在全章的开头给出了"粟米之法",定下了交换的比率。

粟米之法:

粟率五十　　　　粝米三十

粺米二十七　　　凿米二十四

……　　　　　　……

这实质上是秦汉时代的粮食换算表。粟米是我国北方主要的粮食作物,去壳后,俗称"小米",也常叫"谷类"。表中"粝米",就是人们所说的"糙米";把糙米白舂去10%的糠秕,得到的米叫"粺米",又叫"粗米"(即"九折米");把糙米白舂去20%的糠秕,得到的米叫"凿米",又叫"精米"……按照这个统一的交换比率,就可以解决许多粮食交换的问题。

例1 今有粟一斗,欲为粝米,问得几何?

答曰：为粝米六升。

术曰：以粟求粝米，三之，五而一。

选自《九章算术》

本题的意思是根据粟米之法所列的比率，问一斗粟米能换多少糙米？

由粟米之法知

$$谷子 : 糙米 = 50 : 30$$

设所求数为 x，则

$$50 : 30 = 1 : x \quad 即 \quad 5 : 3 = 1 : x \qquad (20\text{-}1)$$

$$x = \frac{1 \times 3}{5} = \frac{3}{5}$$

$$\frac{3}{5}（斗）= 6（升）$$

古人把这种计算方法叫作"今有术"，四项比例中的各项均有专门名词，即

所有率 ： 所求率 = 所有数 ： 所求数
（粟率50）（糙米30）（今有粟1斗）（所求数 x）

根据比例的性质：两内项之积等于两外项之积，有

$$所有率 \times 所求数 = 所求率 \times 所有数$$

所以

$$所求数 = \frac{所有数 \times 所求率}{所有率} \qquad (20\text{-}2)$$

术文曰："以所有数乘所求率为实，以所有率为法，实如法而一。"(20-2) 式就是这个关系的解析表达式。

"今有术"实际上就是初中所学的正比例关系 $y = kx$，通过给定所有率和所求率的数据，确定比例系数 k，再由所有数求所求数。

例2 今有粟四斗五升，欲为凿米，问得几何？

答曰：为凿米二斗一升、五分升之三。

选自《九章算术》

本题的意思是：今有粟米4斗5升，问能换得精米多少升？

解 由粟米之法知道，"粟率五十，凿米二十四"，设所求数 x，则由

$$所有率 : 所求率 = 所有数 : 所求数$$

$$50 : 24 = 45 : x$$

所以 $$x=\frac{45\times 24}{50}=21\frac{3}{5}$$

"今有术"虽然简单,但刘徽却十分重看这个方法,认为它是一种解题的通法,许多问题可以以此为基础,转化为比例问题用"今有术"求解。

例3 今有出钱一万三千五百,买竹二千三百五十个,问个几何?

答曰:一个,五钱、四十七分钱之三十五。

选自《九章算术》

今有13500钱,买竹2350根,问每根竹子多少钱?

这是一个简单的用除法求物品单价的问题,刘徽也把它归结为今有术之类,认为:"按今有之义,一枚为所有数,出钱为所求率,而今有之,即得所求数。"

这样,求单价的问题,也表示成四项比例的问题,即
$$2350:13500=1:x$$

所以 $$x=\frac{1\times 13500}{2350}=5\frac{35}{47}$$

这也体现了刘徽的化归思想和当今的"以法统题,多题一法"的思想是一致的。

例4 今有兔先走一百步,犬追之二百五十步,不及三十步而止。问犬不止,复行几何步及之?

答曰:一百七步、七分步之一。

选自《九章算术》

今有兔子先行100步,狗起跑追之,狗跑了250步,发现还距离兔子30步,问狗再跑多少步就可以追上兔子?

解法1 依题意作如下示意图(图20-1):

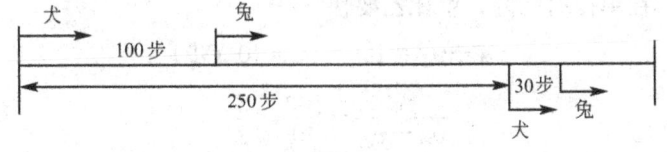

图20-1

兔子先行100步,狗起跑追及,狗行250步时,狗兔还相距30步,就是说狗行250步可以追及兔子先行的70步。由于狗、兔都是匀速运

动,即在相同的时间里狗、兔行走的距离之比是不变的。

设狗再行 x 步就可以追上兔子,显然有

$$\frac{x}{30}=\frac{250}{70}$$

所以 $x=\dfrac{30\times 25}{7}=107\dfrac{1}{7}$

即狗再行 $107\dfrac{1}{7}$ 步就可以追上兔子。

解法2 如图20-1,若从起点算起,也可以设狗再行 x 步,即狗行 $250+x$ 步,就追上兔子了,则有

$$(250+x):100=250:70$$

计算的结果是完全一样的。

本题的关键是利用狗追兔子的"追及量"的正比例关系简捷地求出了答案,说明我国古代数学家善于用比例的方法来解决一些实际问题。

例5 今有善行者行一百步,不善行者行六十步。今不善行者先行一百步,善行者追之,问几何步及之?

答曰:二百五十步。

选自《九章算术》

本题的意思是:甲、乙二人均做匀速运动,且速度不同,已知甲每行100步乙行60步,现在乙先行100步,甲追及之,问甲要行多少步才能追上乙?

这是一个简单的行程问题,涉及距离、速度和时间三者之间的关系,属于一元一次方程的应用题,刘徽用算术的方法,不通过时间的变量,把它直接转化为简单四项比例问题,体现了"今有术"应用的广泛性。

解 在单位时间内,甲比乙要快

$$v_甲-v_乙=100-60=40\text{(步)}$$

$$\frac{v_甲}{v_甲-v_乙}=\frac{100}{40}=\frac{5}{2} \qquad (20\text{-}3)$$

(20-3)式左边是甲的速度比上甲、乙的速度差。它的几何意义是:甲每走100步便靠近乙40步,也就是甲每走5步便靠近乙2步,那么,甲要走多少步才能靠近乙100步呢?这样这个题目便化为典型的四项比

例问题了。5为所求率，2为所有率，100为所有数，x为所求数，于是
$$2:5=100:x$$
所以 $$x=\frac{5}{2}\times 100=250$$

比例问题与生产、生活密切相关，广泛用于交换、课税、工程、运输诸方面，是《九章算术》重点讲述的内容之一，并应用于解决几何、测量、面积、体积的计算问题。这样系统地介绍各类比例算法是当时的世界之最。明代李之藻译《同文算指》时用一、二、三、四率代替了"今有术"中各比例量的专名，徐光启译《几何原本》时，正式提出"比例"一词，并沿用至今。

古代印度在公元五六世纪时出现了三率法，相当于我国"今有术"中的所有率、所有数和所求率。此法在16世纪文艺复兴时传入欧洲，深受那里商人们的欢迎，被誉为"黄金法则"。由于古代印度数学曾在多方面受到中国古算的影响，所以，有些数学史家认为，比例的源头在中国，并可能经古代印度、阿拉伯传入欧洲。

我们知道，正比例关系 $y=kx$ 是数量关系中最简单的线性关系。我们的先辈把它作为研究各种算法的一条主线贯穿在《九章算术》的粟米、衰分、均输、方程、盈不足术之中。许多复杂的算式，借助于"率"的概念，最终用"今有术"来解。用现代的眼光来看，就是"化曲为直"的思想，所以有人说，"今有术"是我国数学史中"生金蛋的母鸡"。

| 读读练练 | 练 习 题 |

1. 今有出钱二千三百七十，买布九匹二丈七尺。欲匹率之，问匹几何？

答曰：一匹，二百四十四钱、一百二十九分钱之一百二十四

选自《九章算术》

提示：一匹=40尺。

2. 今有人盗马乘去，已行三十七里，马主乃觉。追之一百四十五里，不及二十三里而还。今不还追之，问几何里及之？

答曰：二百三十八里、一十四分里之三

术曰：置不及里数，以马主追里数乘之为实。以不及里数减已行里数，余为法。实如法而一。

选自《张丘建算经》

21 客去忘衣

今有客马日行三百里。客去忘持衣，日已三分之一，主人乃觉。持衣追及与之而还，至家视日四分之三。问主人马不休，日行几何？

答曰：七百八十里

选自《九章算术》

中国古算解趣

已知客人骑的马日行 300 里,客人走后 $\frac{1}{3}$ 日,主人发觉客人有衣服忘记带走,于是立刻骑马追上,把衣服还给客人以后立即骑原来的马还家,到家时正好是 $\frac{3}{4}$ 日。问主人马速日行多少里?

注意:在我国古代白天的开始是卯初(即现今 5 时整),白天的终了是酉初(即现今 17 时整),因此从卯初至酉初 12 小时为 1 日。

解法 1 算术法

这是一个简单的追及问题,时间以"日"为单位。

主人追到客人又回到原地,往返所走的时间是

$$\frac{3}{4} - \frac{1}{3} = \frac{5}{12} \text{(日)}$$

主人追到客人单程所用的时间为

$$\frac{1}{2} \times \frac{5}{12} = \frac{5}{24} \text{(日)}$$

客人被主人追到时行走的时间是

$$\frac{5}{24} + \frac{1}{3} = \frac{13}{24} \text{(日)}$$

这时客人行走的距离为

$$300 \times \frac{13}{24} = 162\frac{1}{2} \text{(里)}$$

所以,主人的马速为

$$162\frac{1}{2} \div \frac{5}{24} = 780 \text{(里/日)}$$

我国古代把"今有术"称为"通术"。对有些题目,通过数量关系的分析转化为比例问题来求解。

解法 2 比例法

在上题数据的基础上,已求得主客相遇时,主行时间(单程)$\frac{5}{24}$ 日,客行时间 $\frac{13}{24}$ 日,客人马速 300 里/日,显然,在这一段距离上有

主行时间 × 主人马速 = 客行时间 × 客人马速

即

$$\frac{5}{24} \times \text{主人马速} = \frac{13}{24} \times 300$$

$$主人马速 = \frac{13 \times 300}{5} = 780 \text{（里／日）}$$

解法 3 列方程解应用题

设主人马速为 x 里／日，依据解法 2 的分析，列出以下方程：

$$\frac{1}{2}\left(\frac{3}{4} - \frac{1}{3}\right)x = \left(\frac{5}{24} + \frac{1}{3}\right) \times 300$$

$$\frac{5x}{24} = 162\frac{1}{2}$$

解得

$$x = 780$$

名题轶事　　牛吃草问题

牛顿 12 岁时，曾到一个牧场去玩，牧场主听说牛顿很聪明，便想考考他。牧场主说：

牧场上的青草每天都在匀速生长。牧场的草可供 27 头牛吃 6 个星期；或供 23 头牛吃 9 个星期。然后问牛顿，若有 21 头牛，能够吃几个星期？

小牛顿想了一想，很快就算出了结果。

这个题还是有点难的，难点在于：牛在吃草，草在生长。被吃的草量和新长的草量都不知道。在这里我们假定"每头牛每周吃的草一样多""牧场的草每周的生长量也是一样多"，即都是常量，是不变的。这样，起关键作用的一个未知量是"每周牧场平均要长多少草"，或者说"每周牧场长的新草占牧场已有草的总量的比是多少"。算出这个"长草量"题目就好做了。

解法 1　设牧场原有草量为 1 个单位，牧场每周长出的草量与牧场原有总草量的比为 y，则牧场 6 周后共有草量是 $1 + 6y$，9 周后共有草量是 $1 + 9y$。根据每头牛每周吃的草量相等，列出方程：

$$\frac{1 + 6y}{27 \times 6} = \frac{1 + 9y}{23 \times 9}$$

解得

$$y = \frac{5}{24}$$

又设 21 头牛可吃 x 周，那么

$$\frac{1+\frac{5}{24}x}{21x}=\frac{1+\frac{5}{24}\times 6}{27\times 6}$$

解得

$$x=12$$

答：21 头牛可吃 12 周。

这个解法取自上海陈振宣先生主编的《初中数学教材全解与精练》，是一个很简洁的解法。另一方面，我们设想，凭牛顿的才智，也许眨眨眼睛，扳扳手指，用心算就能把答案找出来了。其实这也不困难。

解法 2

∵　牧场原有草量＋6 周新长的草量＝6×27＝162 头牛一周的吃草量

(1)

牧场原有草量＋9 周新长的草量＝9×23＝207 头牛一周的吃草量　(2)

(2)－(1)　3 周新长的草量＝207－162＝45 头牛一周的吃草量

∴　牧场 1 周新长的草量＝45÷3＝15 头牛一周的吃草量　　　(3)

把 (3) 式代入 (1) 式求得

牧场原有的草量＝162－15×6＝72 头牛一周的吃草量

另一方面，要求牧场供养 21 头牛，由 (3) 式知新长的草每周可供 15 头牛食用，只有 21－15＝6 头牛要吃"老本"，即靠牧场原有的草来供给，所以

$$72\div(21-15)=12（周）$$

答：(略)。

另外，这里的 y 是一个"平均数"，它不再随着新草的生长而继续"新草长新草"的变化，就是说 6 周后的草量是 $1+6y$，而不是 $(1+y)^6$，切忌把问题复杂化。

我们再看看牛顿亲自出的一道"牛吃草问题"，他在他的著作《普通算术》里写了这样一个在全世界流传极广的算术题，后人也称它为"牛顿问题"。

12 头牛 4 周吃牧草 $3\frac{1}{3}$ 公顷，同样的牧草 21 头牛 9 周吃 10 公顷。问 24 公顷的牧草多少头牛 18 周吃完？

我们先用算术做这道题。

看题目的条件

  第一块地 $3\frac{1}{3}$ 公顷 养 12 头牛 可吃 4 周   (1)

  第二块地 10 公顷   养 21 头牛 可吃 9 周   (2)

为了便于比较,我们把第一块地的面积和牛数都扩大 3 倍,变为

  第一块地设想面积 10 公顷 养牛 36 头 可吃 4 周 (3)

把这二者进行比较,就可以求出 10 公顷地的每周长草量、草地原有草量和每头牛一周的吃草量了。

解法 1 设 1 头牛 1 周的吃草量为 y,由上例的解法 2 知

  10 公顷牧草每周的长草量 $=(21\times 9-36\times 4)\div(9-4)=9y$

  10 公顷牧草原有草量 $+$ 4 周新长草量 $=36\times 4y=144y$

  4 周新长的草量 $=4\times 9y=36y$

  10 公顷牧草原有草量 $=144y-36y=108y$

  24 公顷牧草原有草量 $+$ 18 周新长草量 $=(108y+9y\times 18)\times\dfrac{24}{10}$

$$=648y$$

$\because$ 1 头牛 18 周的吃草量 $=18y$

$\therefore$ 24 公顷牧草 18 周的草量可供养

$$648y\div 18y=36（牛）$$

答:24 公顷的牧草 36 头牛 18 周吃完。

我们再用上例中的第一种解法的思路给出本例的第二种解法。

解法 2 设 1 公顷牧草原有草量为 m,每周新长的草量为 n,因为 $3\frac{1}{3}$ 公顷的牧草 4 周的草量可供 12 头牛食用,平均每牛每周的吃草量为

$$\frac{3\frac{1}{3}(m+4n)}{12\times 4}$$

同理。10 公顷牧草 9 周长草量可供 21 头牛食用,平均每牛每周吃草量为

$$\frac{10(m+9n)}{12\times 9}$$

因为每牛每周的吃草量是常量,故

$$\frac{\frac{10}{3}(m+4n)}{12\times 4}=\frac{10(m+9n)}{21\times 9}$$

化简得　　$m=12n$

令 y 表示 1 公顷牧草每周新长出的草量与原有草量的比，则

$$y=\frac{n}{m}=\frac{1}{12}$$

再设第三块地的草可饲养 x 头牛食用 18 周，则

$$\frac{24(1+18\times\frac{1}{12})}{18x}=\frac{10(1+\frac{3}{4})}{21\times 9}$$

解得　　$x=36$

答：（略）。

这是一道世界名题，它的难点在于要先算出一个隐含的未知量 y。这个量叫作辅助未知数，有了它方程就好列了。从解题思想来说，有一点值得注意，即抓住题中的不变量 y 来寻求与未知量 x 的关系，这种"以不变应万变"的解题思想是数学中时常用的方法。

读读练练　　练 习 题

1. 牧场上长满牧草，每天匀速生长，这片牧草可供 10 头牛吃 20 天，可供 15 头牛吃 10 天，可供 25 头牛吃几天？

（答案：5 天）

2. 快、中、慢三辆车同时从同一地点出发，沿同一条公路追赶前面的一个骑车人，这三辆车分别用 6 分钟、10 分钟、12 分钟追上骑车人。现在知道快车的速度是每小时 24 千米，中车速度是每小时 20 千米，问慢车速度是多少？

（答案：慢车速度每小时 19 千米）

3. 一片牧草，每天生长速度相同。这片牧草可供 16 头牛吃 20 天，或可供 80 只羊吃 2 天。如果 1 头牛的吃草量等于 4 只羊的吃草量，那么 10 头牛与 60 只羊一起可以吃多少天？

（提示：每头牛的吃草量等于 4 只羊的吃草量，把 80 只羊换成 20 头牛。答案：8 天）

22 互易推本

问出度牒，差人营运，每三道，易盐十三袋；盐二袋，易布八十四匹；布一十五匹，易绢三匹半；绢六匹，易银七两二钱。今趁到银九千一百七十二两八钱。欲知元关度牒道数几何？

答曰：度牒一百八十道

选自《数书九章》第十七卷

这是秦九韶在《数书九章》第九章市物类中提出的一个复比例例题，他设计了一个直观的图式，使这类复比例问题的计算程序化、简单化、易学、好用，显示了中国古代数学的又一特色。

度牒是中国古代政府发给僧人的身份证明。因为在封建时代出家做和尚（叫度僧）要经过政府审批，审查合格后发给度牒，就可以免除赋税和劳役。官府可出售度牒以充军政费用。宋治平四年曾用度牒籴（dí）米赈灾。本题就是度牒营运的实例。

题中给出了度牒、盐、布、绢、银的互换比例，今知银为91728钱，推求原度牒的张数。

原题的解法很简单，作者画出了一张雁翅状的图，并指出："以多一事相乘为实，少一事相乘为法，除之。"

上五数相乘为被除数						下四数相乘为除数
				3	度牒	
			2	13	盐	
		15	84		布	
	6	3.5			绢	
91728	72				银	

$$\text{度牒张数} = \frac{3 \times 2 \times 15 \times 6 \times 91728}{13 \times 84 \times 3.5 \times 72} = 180(\text{道})$$

为了导出上述公式，分别用 $a_1, a_2, \cdots, a_5,; b_1, b_2, b_3, b_4$ 表示图中各数，用 x_1, x_2, x_3, x_4 表示相应的比例第四项，按照下表，由下向上看：

x_1			a_1	度牒
x_2		a_2	b_1	盐
x_3	a_3	b_2		布
x_4	a_4	b_3		绢
a_5	b_4			银

因为 $a_4 : b_4 = x_4 : a_5$，所以 $x_4 = \dfrac{a_4 \times a_5}{b_4}$

同样，$a_3 : b_3 = x_3 : x_4$，所以 $x_3 = \dfrac{a_3 \times x_4}{b_3} = \dfrac{a_3 \times a_4 \times a_5}{b_3 \times b_4}$

如此推算下去，就得到

$$x_1 = \frac{a_1 \times a_2 \times a_3 \times a_4 \times a_5}{b_1 \times b_2 \times b_3 \times b_4}$$

秦九韶设计的这张雁翅图，无论从算理、算法上说都是十分简单明了的。

本题也可以用上节例3中连比例的方法，求出度牒、盐、布、绢和银的连比关系，即

$$\text{度牒} : \text{盐} = a_1 : b_1 = a_1 a_2 : a_2 b_1$$

$$\text{盐} : \text{布} = a_2 : b_2 = a_2 b_1 : b_1 b_2$$

所以 $\quad \text{度牒} : \text{盐} : \text{布} = a_1 a_2 : a_2 b_1 : b_1 b_2$

同理，

$$布:绢 = a_3:b_3 = a_3b_1b_2:b_1b_2b_3$$
$$盐:布:绢 = a_2a_3b_1:a_3b_1b_2:b_1b_2b_3$$

又因为
$$度牒:盐 = a_1a_2:a_2b_1 = a_1a_2a_3:a_2a_3b_1$$
$$度牒:盐:布:绢 = a_1a_2a_3:a_2a_3b_1:a_3b_1b_2:b_1b_2b_3$$

仿照这样的方法,容易得到
$$度牒:盐:布:绢:银 = a_1a_2a_3a_4:a_2a_3a_4b_1:a_3a_4b_1b_2:a_4b_1b_2b_3$$
$$:b_1b_2b_3b_4$$

根据上述比例关系,已知银 a_5 钱,求度牒的张数 x_1,就可以用今有术
$$a_1a_2a_3a_4:b_1b_2b_3b_4 = x_1:a_5$$

所以
$$x_1 = \frac{a_1a_2a_3a_4a_5}{b_1b_2b_3b_4}$$

名人轶事　　苏东坡百鸟之谜

宋朝的大文学家苏东坡大家都很熟悉,他名叫苏轼,字子瞻,自号东坡居士。生于 1037 年,终于 1101 年,四川眉山人,在诗词、文章、书法、绘画上都有极高的成就。其父苏洵、弟苏辙都是文坛名士,世人合称"三苏"。苏轼少怀壮志,盛负才名,宋仁宗嘉祐二年中进士,时年 22 岁,主考官欧阳修大赏其才,看了他的文章,连连称赞"快哉!快哉!"。相传他曾经画了一幅《百鸟归巢图》,名曰"百鸟图",却数不清鸟的个数,他题诗一首,发番感慨,也留给我们一个数学题,请大家算算。

　　归来一只复一只　　三四五六七八只
　　凤凰何少鸟何多　　啄尽人间千万石（？名）

诗里给了下面八个数:

1, 1, 3, 4, 5, 6, 7, 8

请你动动脑筋,在这些数字之间,用运算符号把它们连接起来,使其结果等于100?也就是说,要把这个"百鸟图"的"百"字算出来。

历史上的苏东坡,才高气傲,官运亨通,但不讨领导的喜欢。这里写"凤凰何少鸟何多,啄尽人间千万石",大概又是针对当时官场的腐

好玩的数学
中国古算解趣

败发的一番感慨。廉洁奉公的"凤凰"为什么这样少啊？而贪腐的"害鸟"又为什么那么多呢？他们巧取豪夺，把老百姓辛辛苦苦生产的千担万担粮食都敲诈光喽。"牢骚太盛防肠断"，苏东坡一生几经升降，贬谪不断，先后在京城开封和杭州、徐州、湖州、黄州、儋州、扬州、定州、颖州、惠州、琼州、永州等地做过官，最后死于常州。事实上，苏东坡不仅是一个大文学家，而且是一个热心为人民的好官，他在徐州任上，带领人民抗洪抢险；在杭州任上，疏浚西湖，灌溉民田，筑成"苏堤"，成为西湖胜景；即使在远贬惠州、儋州（海南省）时，他仍指导人民种稻，关心人民疾苦，深受人民的爱戴。

建中靖国元年（1101年），65岁的苏东坡自海南遇赦回常州，在镇江金山寺，看到他年轻时的画像，当年朝气澎湃，神采飞扬，如今步履蹒跚，不仅悲上心头，感慨万千，自题了一首六言绝句：

$$心似已灰之木 \quad 身如不系之舟$$
$$问汝平生功业 \quad 黄州惠州儋州$$

同年七月，病逝于常州。

话回正题，读者您能把这个"100"算出来了吗？

事实上，由

$$1 \quad 1 \quad 3 \quad 4 \quad 5 \quad 6 \quad 7 \quad 8$$

组成下面的算式：

$$1+1+3\times4+5\times6+7\times8=100$$

100 就出来了。

读读练练　　练 习 题

1. 苏东坡借诗发慨，给我们出了一个数学题。神童维纳也出了一个好玩的数学题。

诺伯特·维纳是20世纪伟大数学家，是信息论前驱，又是控制论奠基者。他14岁大学毕业，成为美国哈佛大学的数理逻辑博士。

在学位授予仪式上，老师见他满脸稚气，像个中学生，便好奇地问"你今年几岁啦？"维纳站起来，很有礼貌地说：

"我今年岁数的立方是个4位数，岁数的4次方是个6位数，如果把两者合起来看，它正好是 0，1，2，3，4，5，6，7，8，9，统统用上去了，不重不漏。"

接着，他又调皮地说"值此喜庆之年，真是个巧合，意味着全体数字都向我祝贺，希望我将来在数学领域内干出一番事业来，也希望各位老师多多指导。"

请问：维纳几岁？

2. 上海的小明也要大家算算他的年龄，他说：

用 9 去除一个六位数，所得的商是一个没有重复数字的、最小的六位数，原来的六位数各个数字之和就是我的年龄，请各位算算我今年几岁？

3. 今有不善行者先行一十里，善行者追之一百里，先至不善行者二十里，问善行者几何里及之？

答案：1：18；2：18；3：$33\frac{1}{3}$。

23 诵课倍增

有个学生心性巧　　一部孟子三日了
每日增添整一倍①　　问君每日读多少

答曰：头一日读四千九百五十五字，第二日读九千九百一十字，第三日读一万九千八百二十字。

选自《算法统宗》

---

① 《算法统宗》原文为"每日增添一倍多"，宜改为"整一倍"。

一部《孟子》共 34685 字，有个学生 3 日读完，所读字数逐日增加一倍，问这个学生每日读多少字？

解法 1　算术方法

如果把学生第一日所读的字数为 1 份，则第 2、3 日所读的字数分别为 2 份、4 份，合起来 3 天共读 7 份，故每份的数值为

$$34685 \div 7 = 4955 （字）$$

故三日所读的字数依次为：4955、9910、19820。

解法 2　一元一次方程

设学生第一日读 x 字，则第 2、3 日分别读 $2x$、$4x$ 字，因为《孟子》的字数 34685 作为已知数，所以

$$x + 2x + 4x = 34685，即 7x = 34685$$

所以
$$x = 4955$$

（下略）

本题也可以用等比数列来做，其实质是一样的。

数学家　吴敬与《九章算法比类大全》

吴敬，字信民（约1385～约1450），浙江仁和（今杭州市）人。担任过浙江布政使司幕府，掌管全省田赋和税收工作。工作实践的需要和江浙经济的繁荣，使他接触了许多数学问题并加以研究、解决，积累了丰富的解题经验，成为当时钱塘一带著名的数学家。《九章算法比类大全》是他在此基础上花十年的时间写成的一部重要的数学著作。

大家知道，中国传统数学经过宋元时期的高度发展以后，在明代却进入了低潮。大批经典著作因无人研究而亡佚。另一方面，由于明代商业经济的发展，应用数学十分活跃，数学著作应该显示出商业数学的特点，吴敬的《九章算法比类大全》就是这个时期商业数学著作的杰出代表。

《九章算法比类大全》共有十卷，基本上按《九章》体例，他认为一切应用问题都是从《九章算术》中的相关问题演变而来的。所以他十分推崇《九章算术》，把他编写的所有的应用题按照《九章算术》的名义编成九卷。每卷分古问、比类、诗词三类算题，前面的问题取自古算

好玩的数学

中国古算解趣

书,称之为"古问",其后是结合当时实际的应用题,称之为"比类",再加上古典诗词体的趣味算题,称之为"诗词",共有 332 个。由于他有意识地提倡古典数学,对当时的数学研究产生了一定的影响。比类题中有利息计算,商品交换,合伙经营等商业算题,反映出数学在商业资本发展过程中的作用。采用诗歌体的算题极富教育意义,是中算教育的特色,由浅入深,易教易学,《算法统宗》的许多算题都选自此书。

读读练练　　练习题

今有牛、马、羊食人苗,苗主责之粟五斗。羊主曰:"我羊食半马。"马主曰:"我马食半牛。"今欲衰偿之,问各出几何?

答曰:牛主出二斗八升、七分升之四。马主出一斗四升、七分升之二。羊主出七升、七分升之一。

选自《九章算术》

24 三等赔偿

八马九牛十四羊　赶在村南牧草场
吃了人家一段谷　议定赔他六石粮
牛一只　比二羊　四牛二马可赔偿
若还算得无差错　姓字超群到处扬

答曰：马八，共赔三石。牛九，共赔一石六斗八升七合五勺。羊十四，共赔一石三斗一升二合五勺。

选自《算法统宗》

有 8 匹马、9 条牛和 14 只羊，在草场放牧，误吃了一片稻谷，拟定赔偿 6 石粮食，赔偿的比例是牛与羊之比是 2∶1，牛与马之比是 2∶4。试计算马、牛、羊的主人各应赔多少粮食。

解法 1　中算古法

这是一个连比问题，由题意知羊、牛、马的赔偿比例是 1∶2∶4，利用衰分法，"归一"为羊的赔偿数，即以"一羊"的赔偿数为"一衰"，折算马、牛、羊的总衰。

因为　　　　　　　羊∶牛∶马＝1∶2∶4

所以，14 羊∶9 牛∶8 马＝14∶18∶32，合并为总衰

$$14+18+32=64$$

每只羊应赔偿

$$6÷64=0.09375（石）$$

以此为法遍乘各衰得

羊主赔偿

$$0.09375×14=1.3125（石）$$

牛主赔偿

$$0.09375×18=1.6875（石）$$

马主赔偿

$$0.09375×32=3（石）$$

解法 2　一元一次方程

设一只羊应赔偿稻谷 x 石，则一头牛应赔 $2x$ 石，一匹马应赔 $4x$ 石，依题意得

$$32x+18x+14x=6$$

$$64x=6，所以 x=0.09375$$

（下略）

| 古法探源 |

衰分术简介

把今有术推广到按比例分配问题时，形成了衰分术。衰（cuī）就是差别的意思，"衰分"就是按差别来分配。在《九章算术》里专设了"衰分"章讲解具体算法，"诵课倍增"就是用衰分术解的等比数列应用题。

24 三等赔偿

例1   赵嫂织麻

赵嫂自言快绩麻   李宅张家雇了她
李宅六斤十二两   二斤四两是张家
共织七十二尺布   二人分布闹喧哗
借问卿中能算士   如何分得的无差

选自《算法统宗》

本题是一个很常见的按比例分配的实用题。赵嫂受雇于张、李两家,李家出棉花6斤12两,张家出棉花2斤4两,共织成布72尺,要求按出棉的比例将布分付两家,问各得多少?

解 李家出棉

$$6(斤)12(两) = 6 \times 16 + 12 = 108(两)$$

张家出棉

$$2(斤)4(两) = 36(两)$$

合计出棉

$$108 + 36 = 144(两),共织布72尺 = 720寸$$

设张家分布 x 尺,则

$$x : 108 = 720 : 144$$

所以

$$x = \frac{108 \times 720}{144} = 540$$

故李家分布5丈4尺,张家分布1丈8尺。

例2 大夫、不更、簪袅(zān niǎo)、上造、公士,凡五人,共猎得五鹿,欲以爵次分之,问各得几何?

选自《九章算术》

大夫、不更、簪袅、上造、公士都是依次排列的官爵名称。据原书注解中称"战国之初有此名也"。《汉书》说"此皆秦制"也从一个方面可以看出《九章》中的题目源头很早。

本题要求将打猎获得的5只鹿,按官爵的级别给予赏赐,其分配的比例是:大夫:不更:簪袅:上造:公士 = 5:4:3:2:1,问各爵次分别得多少?

解法1 《九章算术》的求解程序是:将所分配的比率依次排列出来

$$5:4:3:2:1$$

— 109 —

把各率相加，并以其和作为除数（法）
$$5+4+3+2+1=15$$
由于分配的比率各不相同，决定了他们得数的区别，列出各自应得的比例
$$5,4,3,2,1$$
用今有术求得各人的得数。

设大夫应得 x_1 头鹿，则有
$$x_1:5=5:15$$
所以
$$x_1=\frac{5\times5}{15}=1\frac{2}{3}$$
同理可以求出

不更得
$$x_2=\frac{5\times4}{15}=1\frac{1}{3}$$

簪袅得
$$x_3=\frac{5\times3}{15}=1$$

上造得
$$x_4=\frac{5\times2}{15}=\frac{2}{3}$$

公士得
$$x_5=\frac{5\times1}{15}=\frac{1}{3}$$

解法 2 本题也可用一元一次方程来求解。

设公士应分 x 头鹿，则上造、簪袅、不更、大夫依次分得鹿 $2x$、$3x$、$4x$、$5x$。

由于
$$x+2x+3x+4x+5x=5$$
即
$$15x=5$$
所以
$$x=\frac{1}{3}$$
（下略）

衰分术是今有术的发展，它能解决众多对象按比例的分配问题。而中学所学的等差、等比数列问题，就本质来说，也是一种分配比例问题，所以古代广泛应用这个方法解决一些数列问题。

例3 今有女善织，日益功疾。初日织五尺，今一月，日织九匹三丈。问日益几何？

答曰：五寸、二十九分寸之十五。

选自《张丘建算经》

这是一道等差数列题，意思是一个善于织布的女子，逐日均匀递增，第 1 日织布 5 尺，一个月（30 日）织布 9 匹 3 丈，问她每日增织多少布？

实际上，这就是在等差数列 $\{a_n\}$ 中，已知 $a_1=5$ 尺，

$$S_{30}=9 \text{ 匹 } 3 \text{ 丈}=9\times 40+30$$
$$=390 \text{（尺）}$$

求 d。

张丘建在书中给出了计算公式

$$d=\frac{\frac{2S}{n}-2a_1}{n-1}$$

请读者用等差数列的知识加以证明，并核对计算结果。

读读练练　　练　习　题

1. 八子分棉

　　九百九十六斤棉* 赠与八子做盘缠（即路费）
　　次第每人多十七　要将第八数来言
　　务要分明依次第　孝和休惹外人传

*原文为"绵"，通"棉"，指棉花。

答曰：长子一百八十四斤，次子一百六十七斤，三子一百五十斤，四子一百三十三斤，五子一百一十六斤，六子九十九斤，七子八十二斤，八子六十五斤。

2. 依等算钞

　　甲乙丙丁戊己庚　七人钱本不均平　甲乙念三七钱钞
　　念六一钱戊己庚　惟有丙丁钞无数　要依等第数分明
　　　　请问先生能算者　细推详算莫差争

答曰：甲钞该一十二两二钱，乙该一十一两五钱，丙该一十两零八钱，丁该一十两零一钱，戊该九两四钱，己该八两七钱，庚该八两

选自《算法统宗》

提示："念"代表二十，同"廿"，念三七钱即 23 两 7 钱，念六一钱即 26 两 1 钱。

25 浮屠增级

远望巍巍塔七层　红光点点倍加增

共灯三百八十一　请问尖头几盏灯

答曰：顶层三盏

选自《算法统宗》

浮屠就是佛塔。本题是说，远处有一座雄伟的佛塔，塔上挂满了许多红灯，下一层灯数是上一层灯数的 2 倍，全塔共有 381 盏，试问顶层有几盏灯？

这类题现在高中学生都用等比数列的知识求解，古代用衰分术来解，浅显易懂，小学生都会做。程大位在《算法统宗》里说："衰者，等也。物之混者，求其等而分之。"即按照各层比例的要求，算出总的要分多少份，再求每一份应是多少。

解法 1 衰分法

首先列出各层灯数的比。依题意从上而下灯数之比是

$$1:2:4:8:16:32:64$$

其总和为

$$1+2+4+8+16+32+64=127$$

即把总灯数分成 127 份，一份的灯数是 $381\div 127=3$，这就是顶层的灯数。

掌握了衰分的思想，用心算都能报出答案来。

解法 2 等比数列法

在等比数列 $\{a_n\}$ 中，已知 $S_7=381$，$q=2$，求 a_1。

请读者利用已学的公式自行验算。

智慧之光　郭启庶和他的《数学教学优因工程》

珠算作为计算工具，已基本退出了实用舞台，但作为教育手段，它的作用还没有为多数人所认识。尽管数学教育界许多有识之士一直为此而努力，中国珠算心算协会几十年来在全国进行了大规模的珠心算教改实验，惠及几千万学子。笔者也申请了世界银行项目"珠数结合改革低幼儿童的数学教育"，先后有十几所小学、幼儿园参加实验，有 5000 多小孩接受教育，效果很好。原中国珠算协会副会长郭启庶教授是本项目结项验收的专家组组长，他提出了高超的见解，我们也结下了深厚的友谊。

2006 年 9 月 18 日在纪念程大位逝世 400 周年大会上，再次见到了郭教授，知道他正在进行一项大规模的"优因数学"的教学实验。他集几十年中西数学教学、研究和实验于一身，创立了数学教学基因分析法，融合西洋数学符号化思想方法，用中国数学珠算符号模型、率思想

方法等优良基因、范式，编织数学课程知识结构，创立了"优因数学"。在河南、海南许多省市进行教改实验。他认为，中国学校数学教育全盘照搬西洋数学，极力排斥、贬抑中国传统数学是不对的。中西数学的区别就在于运用基因、范式有所不同。从教学上说，首先要进行基因分析，选择中西数学的优秀基因、范式来构建简易、高效、现代化的数学课程知识结构。他在实际工作中研究数学理论，在西洋数学教学中研究中国传统数学，融合中西，改造创新，写成巨著《数学教学优因工程》，全书78万字，深挖掘、创新知，是传承中国优秀数学文化的典范，也给我们中、小学数学教学改革提出一条新的思路。

读读练练　　　练　习　题

1. 今有五等诸侯，共分橘子六十颗。人别加三颗，问五人各得几何？

答曰：公一十八颗，侯一十五颗，伯一十二颗，子九颗，男六颗。

2. 今有女子善织，日自倍。五日织通五尺。问日织几何？

答曰：初日织一寸、三十一分寸之一十九。次日三寸、三十一分寸之七。三日六寸、三十一分寸之一十四。四日一尺二寸、三十一分寸之二十八。五日二尺五寸、三十一分寸之二十五。

3. 今有三鸡共啄粟一千一粒。雏啄一，母啄二，翁啄四。主责本粟，三鸡主各偿几何？

答曰：鸡雏主一百四十三，鸡母主二百八十六，鸡翁主五百七十二。

选自《孙子算经》

26 李白沽酒

今携一壶酒　游春郊外走　逢朋加一倍
入店饮斗九　相逢三处店　饮尽壶中酒
试问能算士　如何知原有
答曰：原有酒一斗六升六合二勺五抄

选自《算法统宗》

好玩的数学

中国古算解趣

李白,唐代大诗人,曾漫游全国,吟诗作赋,博学多才。民间有:"斗酒诗百篇"之说。晚年生活清苦,卒于安徽当涂。本题借李白之名,编了一则饮酒故事,说他在郊外春游时,做出这样一条规定:遇见朋友,先到酒店里将壶里的酒增加一倍,再饮去其中的 19 升酒。根据这样的规定,在三个店里遇到了朋友,正好饮尽壶中的酒。问壶中原有多少酒?

解法 1 一元一次方程

设壶中原有酒 x 升,依题意有

$$2[2(2x-19)-19]-19=0$$

解得

$$x=16.625$$

解法 2 中算古法

利用中算"比率"的思想,分析"倍酒量"和"饮酒量"之间的比例关系。

设原有酒为 1,入第一店添一倍为 2,入第二店添一倍为 $2^2=4$,入第三店添一倍为 $2^3=8$,倍酒后相当于原有酒的 8 倍,但要从中扣减各店的饮酒量。第一店饮 19 升,经第二、第三店的倍酒关系,应扣减 $2^2 \times 19$ 升;第二店饮 19 升,经第三店的倍酒,应扣减 2×19 升;第三店实饮 19 升,故应从总酒量中扣减 $(1+2+4) \times 19 = 7 \times 19$ 升,这时正好饮尽,说明 8 倍的原酒量为 7×19 升。

所以原酒量为

$$\frac{7}{8} \times 19 = 16.625 (升)$$

解法 3 递推数列

设原有酒 a_0 升,在三店饮酒后所余酒量分别为

$$a_1=2a_0-19, \quad a_2=2a_1-19, \quad a_3=2a_2-19$$

如果店数逐一增加,第 n 个店饮后余酒

$$a_n=2a_{n-1}-19$$

两边同减 19 得

$$a_n-19=2(a_{n-1}-19)$$

显然,数列 $\{a_n-19\}$ 是一个公比为 2 的等比数列,由通项公式

$$a_n - 19 = 2(a_0 - 19) \times 2^{n-1} = 2^n(a_0 - 19)$$

所以
$$a_n = 2^n a_0 - (2^n - 1) \times 19$$

如果在第 n 店"饮尽壶中酒",即 $a_n = 0$,有

$$2^n a_0 = (2^n - 1) \times 19, \quad a_0 = \frac{2^n - 1}{2^n} \times 19$$

当 $n = 3$ 时,

$$a_0 = \frac{7}{8} \times 19 = 16.625$$

这个方法虽然复杂,但它给我们引出了一个常用的递推关系式。

古为今用　　李太白酒里有文章

"李白沽酒"的解法 3 里,我们导出了递推公式 $a_{n+1} = 2a_n - 19$,它表示前后店里余酒之间的递推关系。这是一个重要的数学模型,生活中应用很多,像经济增长、资源消耗;人口增加、土地减少;银行按揭等都属于这个类型。现举几例说明之。

例 1　已知数列 $\{a_n\}$ 的项满足

$$\begin{cases} a_1 = b \\ a_{n+1} = ca_n + d \end{cases} \text{其中},\ c \neq 0,\ n > 1$$

证明这个数列的通项公式是 $a_n = \dfrac{bc^n + (d-b)c^{n-1} - d}{c - 1}$。

这是 20 世纪 80 年代高中代数课本中的一道复习题,是数学复习和高考的常考内容之一。

证法 1　因为 $a_1 = b$

$a_2 = ca_1 + d = cb + d$

$a_3 = ca_2 + d = c(cb + d) + d = c^2 b + d(1 + c)$

$a_4 = ca_3 + d = c[c^2 b + d(1 + c)] + d = c^3 b + d(1 + c + c^2)$

……

$a_n = ca_{n-1} + d = c^{n-1} b + d(1 + c + c^2 + \cdots + c^{n-2})$

$\quad = c^{n-1} b + d \cdot \dfrac{c^{n-1} - 1}{c - 1} = \dfrac{bc^n + (d-b)c^{n-1} - d}{c - 1}$

证法 2　待定系数法

设法确定参数 α，使得 $a_{n+1}-\alpha=c(a_n-\alpha)$，这样就可以归纳为求等比数列 $\{a_n-\alpha\}$ 的通项了。

由 $a_{n+1}-\alpha=c(a_n-\alpha)$，即 $a_{n+1}=ca_n-\alpha(c-1)$，与已知条件 $a_{n+1}=ca_n+d$ 相比较可知，只要 $-\alpha(c-1)=d$ 就行了。

取 $\alpha=-\dfrac{d}{c-1}$，这时 $\{a_n-\alpha\}$ 成等比数列，公比是 c。

所以
$$a_n-\alpha=(a_1-\alpha)\cdot c^{n-1}$$
$$a_n=\alpha+(a_1-\alpha)\cdot c^{n-1}=-\dfrac{d}{c-1}+\left(b+\dfrac{d}{c-1}\right)\cdot c^{n-1}$$
$$=\dfrac{bc^n+(d-b)c^{n-1}-d}{c-1}$$

例 2（银行按揭贷款题）　住房贷款涉及千家万户，其还本付息方法，银行提出了以下的公式，并列出了还本付息表，请给出公式（26-1）的证明。

等额本息还款法：在贷款期内，每月以相等的额度平均偿还贷款本息，其计算公式为

$$\text{每月还款额}=\dfrac{\text{贷款本金}\times\text{月利率}\times(1+\text{月利率})^{\text{还款月数}}}{(1+\text{月利率})^{\text{还款月数}}-1} \qquad (26\text{-}1)$$

等额本金还款法：在贷款期内，每月等额偿还贷款本金，贷款利息随本金逐月递减，其计算公式为

$$\text{每月还款额}=\dfrac{\text{贷款本金}}{\text{贷款期月数}}+(\text{贷款本金}-\text{已归还本金累计额})\times\text{月利率} \qquad (26\text{-}2)$$

解　我们提供两种方法证明公式（26-1）。

证法 1　设贷款本金为 A，月利率为 r，还款月数为 n，每月还款金额为 x。那么，各期所还款项所产生的本利和等于在约定期内贷款的本利和，即

$$x+x(1+r)+\cdots+x(1+r)^{n-1}=A(1+r)^n$$
$$x\cdot\dfrac{(1+r)^n-1}{(1+r)-1}=A(1+r)^n$$

所以
$$x=\dfrac{Ar(1+r)^n}{(1+r)^n-1}$$

证法 2 用递推数列的方法来证。

设 B_k 为第 k 月末还款后尚欠银行的本利和，则

$$B_1 = A(1+r) - x$$

$$B_2 = B_1(1+r) - x = A(1+r)^2 - x[1+(1+r)],$$

$$B_n = B_{n-1}(1+r) - x = A(1+r)^n - x[1+(1+r)+\cdots+(1+r)^{n-1}]$$

$$= A(1+r)^n - x \cdot \frac{(1+r)^n - 1}{r}$$

由 $B_n = 0$ 得 $x = \frac{Ar(1+r)^n}{(1+r)^n - 1}$

(26-2) 式不需要证明。

例 3 某人 2007 年初贷款 50 万元，20 年还清，年初基准利率（年）6.84%，用等额本息还款法，每月还款多少元？（保留一位小数）

解 设每月还款 x 元，月利率 $r = \frac{6.84}{100} \div 12 = 0.57\%$，代入上面的公式

$$x = \frac{50 \times 0.0057 \times (1+0.0057)^{240}}{(1+0.0057)^{240} - 1} = \frac{50 \times 0.0057 \times 3.9123}{2.9123} \approx 0.382861 \text{（万元）}$$

即每月还款额约为 3828.6 元。

据报载，2007 年第二次加息，年利率为 7.38%，则月还款为 4009.7 元；第三次加息，年利率为 7.66%，则月还款 4983.2 元。请用上面公式进行核算。

读读练练　　练　习　题

1.　　　　　　　　沽酒探亲

　　　昨日沽酒探亲朋　　路途遥远有四程

　　　行过一程添一倍　　却被安童盗六升

　　　行到亲家门里面　　半点全无在酒瓶

　　　借问高明能算者　　几何原酒要分明

答曰：原酒五升六合二勺五抄

选自《算法统宗》

2.（牛顿问题）一人经商，每年财产增加 1/3，但要从中花去家用的 100 英镑（包括商业投资），经过三年后，他的财产翻了一番，问他原有财产是多少？

答案：1480 英镑

27 群羊逐草

甲赶群羊逐草茂，乙拽肥羊一只随其后。戏问甲及一百否？甲云所说无差谬。君得这般一群凑，再添半群小半群，得你一只来方凑，玄机奥妙谁参透？

答曰：甲羊三十六只

选自《算法统宗》

好玩的数学

中国古算解趣

这是一个在民间流传很广的智力训练题。题目的意思是说,牧童甲在草原上放羊,乙牵着一只羊来,并问甲:"你的羊群有 100 只吗"?甲答:"你说的不错。如果在这群羊里加上同样的一群,再加上半群,四分之一群,再加上你的一只,就是 100 只"。问牧童甲赶着多少只羊?

解法 1 一元一次方程

设牧童甲放 x 只羊,依题意有

$$x\left(1+1+\frac{1}{2}+\frac{1}{4}\right)+1=100$$

即
$$\frac{11}{4}x=99, \qquad x=36$$

所以牧童甲放了 36 只羊。

解法 2 中算古法

在我国古代,人们还不会用一元一次方程来解这样的应用题,常常假定一个数字作为甲的羊群数,例如假设甲的羊数是 12,那么,"若得这般一群凑,再添半群小半群"就是

$$12+12+6+3=33$$

这样本题就可以转化用"今有术"来解了,即如果甲有 12 只羊,按照题设的条件进行计算应是 33 只羊。现在已知的羊数是 $100-1=99$,这样甲童的羊数 x,就可以用比例来算了。

$$x:12=99:33 \qquad 所以 x=36$$

大家应好好体会一下我国古代数学家研究问题的思维方法。这种方法叫"一次假设法",不用草稿,用心算就行了。读者可以给甲的羊数重新假设一数,再试算一次,看看哪一个数字最简便?

古法探源　　一次假设法

解方程是中学数学的重点,而一元一次方程又是初中数学中最简单的内容了。每一个学生都能熟练地应用"移项法则"和"方程两边同乘(或同除)一个不为 0 的数,而方程的解不变"的性质来解方程。在古代这可是一个难题,很长一段时间里方程的理论没有形成,"一次假设法"就是世界上许多文明古国常用的方法。

设一次方程
$$ax=b \quad (a\neq 0) \qquad (27\text{-}1)$$
它的解是
$$x=\frac{b}{a}$$

由于当时没有发现方程的同解性质,不能直接通过除法运算去求它的根,而是用试根的方法,把它转化为比例问题,用"今有术"求解。

观察题目的条件,试选一个数 x_0 代入计算,看看 ax_0 是否等于 b。如果等于 b,那么就猜对了;如果不等于 b,即
$$ax_0=b_1 \quad (b_1\neq b) \qquad (27\text{-}2)$$
对比 (27-1),(27-2) 两式 $\quad ax=b$
将 x_0 按 $b:b_1$ 的比例进行缩放
$$x_0:x=b_1:b$$
所以
$$x=\frac{x_0\cdot b}{b_1}$$

在上面的"群羊逐草"题中,就可以用"一次假设法"快速地求得答数。事实上,我们假设甲有 12 只羊,依条件算出的结果是 33 只,而现有数是 99,比例系数是 3,显然,甲有 36 只羊。

下面我们再看两个外国的例题。

例1 莲花若干朵,以其三分之一、五分之一、六分之一、四分之一分献诸神,还余六朵,问原有莲花多少朵?(古代印度摩诃毗罗)

解 随便选择一个数,为了避免分数,我们取 3,5,6,4 的最小公倍数 60。设有莲花 180 朵,那么献神共需
$$180\left(\frac{1}{3}+\frac{1}{5}+\frac{1}{6}+\frac{1}{4}\right)=171 \text{ (朵)}$$
还余 9 朵,而题设余 6 朵。按照今有术,若莲花 x 朵,则
$$x:180=6:9,$$
所以
$$x=\frac{6\times 180}{9}=120$$

例2 如果甲从乙得到 7 个钱币,甲所有是乙的 5 倍。若乙从甲得到 5 个钱币,则乙所有是甲的 7 倍。问甲、乙两人原来各有多少钱币?

答案： 甲 $7\frac{2}{17}$ 个； 乙 $9\frac{14}{17}$ 个

选自意大利·斐波那契《计算之书》

这个题用"一次假设法"来解就很难了，要选的一个数，一定要能概括它们的共性。斐波那契用"形数结合"的方法，巧妙地解决了这个问题。

图 27-1 中线段代表钱数，设甲＝AB，乙＝BC，EB＝5，BD＝7。

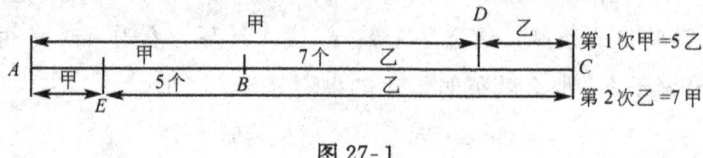

图 27-1

第 1 次，乙给甲 7 个，则

$$甲=AD, \ 乙=DC, \ AD=5DC, \ DC=\frac{1}{6}AC$$

第 2 次，甲给乙 5 个，则

$$甲=AE, \ 乙=EC, \ EC=7AE, \ AE=\frac{1}{8}AC$$

这样，

$$ED=AC-AE-DC=\left(1-\frac{1}{8}-\frac{1}{6}\right)AC=\frac{17}{24}AC \quad (27-3)$$

又已知

$$ED=12 \quad (27-4)$$

这样，给 AC 假设一个数，通过（27-4）式，就可以确定放缩的比例系数。

例如，设 AC＝24，则 ED＝17，若 AC 的实际长度为 x，于是有

$$x:24=12:17, \quad x=\frac{12\times 24}{17}$$

$$DC=\frac{1}{6}AC=2\frac{14}{17}, \quad AE=\frac{1}{8}AC=2\frac{2}{17}$$

所以

$$甲=AB=AE+EB=2\frac{2}{17}+5=7\frac{2}{17},$$

$$乙=BC=BD+DC=7+2\frac{14}{17}=9\frac{14}{17}$$

这是一道名题,如果用二元一次方程组来解是非常简单的。要知道,在方程理论产生之前,这是一个很难的题目,在比例理论的基础上,用一次假设法来解释历史的轨迹,从中可以体会到前辈的艰辛,不过在茶余饭后,用算术的方法来解,对培养分析问题的能力还是大有好处的。

读读练练　　练　习　题

用"一次假设法"解下列问题:

1. 某数乘以 5,减去乘积的 $\frac{1}{3}$,把余数除以 10,又加上此数的 2,$\frac{1}{2}$,又 $\frac{3}{4}$,得到 68。问此数是多少?(古代印度)

答案:48

2. $\frac{2}{3}$ 堆加上 $\frac{1}{2}$ 堆,加上 $\frac{1}{7}$ 堆,再加上 1 堆,四者共重 37,求一堆重多少?(古埃及)

答案:$16\frac{2}{97}$

28 隔墙分银

隔墙听得客分银　不知人数不知银
七两分之多四两　九两分之少半斤
答曰：六人，银四十六两

选自《算法统宗》

有若干客人分银若干两，如果每人分 7 两，还多 4 两；如果每人分 9 两，则不足 8 两。问有多少客人？银多少两？

注意：题中斤两是旧制，1 斤＝16 两。

解法 1　二元一次方程组

设有 x 个客人，分 y 两银，依题意列方程组

$$\begin{cases} y-7x=4 & (28\text{-}1) \\ 9x-y=8 & (28\text{-}2) \end{cases}$$

两式相加得

$$2x=12$$

所以

$$x=6$$

以 $x=6$ 代入（28-1）式得　　$y=46$

所以，共有 6 个客人，分 46 两银。

解法 2　中算古法

首先，将两次所出的银数和相应的盈余、不足数排成一个方阵：

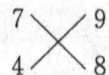

交叉相乘，并将乘积相加

$$7\times8+9\times4=92$$

将所得的积除以（9－7）得银数；将盈和不足数相加，其和除以（9－7）得人数。即

$$银数=\frac{7\times8+9\times4}{9-7}=\frac{92}{2}=46（两），人数=\frac{8+4}{9-7}=6（人）$$

请读者想一想，这种算法的道理何在？

古法探源　　万能算法——盈不足术

盈不足术是我国古代解应用题的一种别开生面的方法。《九章算术》对它的各种题型进行了全面的讨论。盈亏问题又成为我国古代乃至现代教育蒙童、训练思维的一种重要题型。它不仅妙趣横生，而且意义深远。如果说在远古时代，比率算法曾被誉为"生金蛋的母鸡"，作为数学应用题的普遍解法而"独霸天下"，那么"金蛋"孵化出的"盈不足"术又被誉为"万能算法"，开拓了新的领域。钱宝琮先生说："在十六、十七世纪时期，欧洲人的代数学还没有发展到充分利用符号的阶段，这种万能的算法便长期统治了他们的数学王国。"

当然，在今天这类题目用二元一次方程组来解已极为容易。教科书上几乎不花什么力气来叙述它的文化背景了。但是先辈们处理这些问题的指导思想、思维方法、计算成果恰是一个智慧的宝库，值得探讨、继承。所以我们要"易题难做"，想一想古法的道理安在？

《九章算术》盈不足章，开篇即注盈不足乃"以御隐杂互见"。就是说盈不足术能处理隐而不见的、杂七杂八的数量关系。它用的是什么方法呢？就本质说是试验法（二次），"摸着石头过河"，举 2 个数据，试验测定盈亏情况，再寻求变量间的关系。

例　今有共买物，人出八，盈三；人出七，不足四。问人数、物价各几何？

答曰：七人，物价五十三。

选自《九章算术》

本题是说，有几个人（人数不知）一起去买物品（物品价格不知），

好玩的数学
中国古算解趣

假若每人出 8 元，则盈余 3 元；假若每人出 7 元，则不足 4 元。问人数和物品价格各是多少？

解法 1　我们先用二元一次方程组来解这个容易题。

设有 x 个人共同去买一件物品，物品价格是 y 元，由条件得

$$\begin{cases} 8x - y = 3 \\ y - 7x = 4 \end{cases}$$

两式相加得

$$x = 7, \quad y = 53$$

所以共有 7 人，物品价格为 53 元。

解法 2　中算古法

《九章算术》不是用这样的方法解的。书中写明了计算法则，但算理难明，不容易理解古人的数学思想。我们先研究一下原书的解法。

"盈不足术曰：置所出率，盈、不足各居其下。令维乘所出率，并以为实。并盈、不足为法。实如法而一。有分者，通之。盈不足相与同其买物者，置所出率，以少减多，余，以约法、实。实为物价，法为人数。"

沈康身先生将这法则作了翻译："盈不足法则：分别记下所出率。在各自下面又记下相应的盈、不足之数，交叉相乘所出率。乘积相加，作为被除数，盈、不足相加，作为除数。做除法运算，[得每人应出款数]。如果出现分数就通分。合款买物，如果发生盈、足，就记所出率，从大的减去小的。以差，分别约除数、被除数。所得商：前者为人数，后者为物价。"文字上已经译解得很清楚了，道理何在？我们再做进一步的分析。

$$\begin{Bmatrix} 8 & 7 \\ 3 & 4 \end{Bmatrix} \xrightarrow{\text{维乘}} \begin{Bmatrix} 8\times 4 & 7\times 3 \\ 3 & 4 \end{Bmatrix} \xrightarrow{\text{相并}} \begin{Bmatrix} 8\times 4+7\times 3 \\ 3+4 \end{Bmatrix} \xrightarrow{\text{实如法而一}} \frac{8\times 4+7\times 3}{3+4}$$

（每人应出的钱数）

这样就得到了一个公式

$$\text{每人应出的钱数} = \frac{8\times 4 + 7\times 3}{3+4} = \frac{53}{7} \qquad (28\text{-}3)$$

在这个分数中，除数是 $3+4$，被除数是 $8\times 4+7\times 3$，用所出率的大－小＝8－7＝1（差），是一个很关键的数字，用它被除（28-3）中的

分母得人数，即

$$人数 = \frac{3+4}{8-7} = 7 \tag{28-4}$$

用它被除（28-3）中的分子得物品价格，即

$$物品价格 = \frac{8 \times 4 + 7 \times 3}{8-7} = 53 \tag{28-5}$$

上述三个式子虽不复杂，但道理难懂。我国古代常常"寓理于算"，一定要花力气想通其中的道理。下面我们进行一般性的分析。

今有共买物，人出 x_1（钱），盈 y_1；人出 x_2，不足 y_2，问人数、物品价格各几何？

在上题的数字方阵中，实际上是表示这样的关系："每人出钱 x_1，买物 1，盈钱 y_1；每人出钱 x_2，买物 1，不足 y_2。"用数字方阵表示，应是

$$
\begin{matrix} 人出钱 \\ 买\ 物 \\ 盈不足 \end{matrix}
\begin{Bmatrix} x_1 & x_2 \\ 1 & 1 \\ y_1(盈) & y_2(不足) \end{Bmatrix}
\xrightarrow{齐同术}
\begin{Bmatrix} x_1 y_2 & x_2 y_1 \\ y_2 & y_1 \\ y_1 y_2(盈) & y_2 y_1(不足) \end{Bmatrix}
$$

$$
\longrightarrow
\begin{Bmatrix} x_1 y_2 + x_2 y_1 \\ y_1 + y_2 \\ (不盈不亏) \end{Bmatrix}
\longrightarrow
\begin{Bmatrix} \frac{x_1 y_2 + x_2 y_1}{y_1 + y_2} \\ 1 \\ (不盈不亏) \end{Bmatrix}
$$

这个过程综合应用了齐同术、今有术的思想，求得了买一物每人应该出的钱数，即

$$每人应出的钱数 = \frac{x_1 y_2 + x_2 y_1}{y_1 + y_2} \tag{28-6}$$

$x_1 - x_2$ 是一个人两次出钱数额之差，即假设数之差，《九章算术》里称为"少设"，$y_1 + y_2$ 是盈与不足的和，是众人出钱的总金额的差，所以，得到了第二个公式：盈不足为众人之差，以所出率以少减多，余为一人之差，以一人之差约众人之差，故得人数也。

$$人数 = \frac{y_1 + y_2}{x_1 - x_2} \tag{28-7}$$

因为是买一件物品，所以

物品价格＝人数×每人应出的钱数＝$\dfrac{y_1+y_2}{x_1-x_2} \times \dfrac{x_1 y_2 + x_2 y_1}{y_1+y_2}$＝

$\dfrac{x_1 y_2 + x_2 y_1}{x_1 - x_2}$ (28-8)

这就是我国古代盈不足术的3个主要公式。

读读练练　　练习题

1. 今有共买牛，七家共出一百九十，不足三百三十；九家共出二百七十，盈三十。问家数、牛价各几何？

答曰：一百二十六家，牛价三千七百五十。

选自《九章算术》

2. 今有人盗库绢，不知所失几何？但闻草中分绢：人得六匹，盈六匹；人得七匹，不足七匹。问人、绢各几何？

答曰：贼一十三人，绢八十四匹。

选自《孙子算经》

3. 假如贼人盗绢，各分一十二匹，总多一十二匹；各分一十四匹，总少六匹。问贼人与绢各几何？

答曰：贼是九人，绢一百二十匹。

选自《续古摘奇算法》卷下

4. 桥下盗人分绢，每人分八匹，少七匹；每人分七匹，多八匹。问有多少人、分多少绢？

答曰：十五人，一百一十三匹绢。

日本《劫尘记》(1672)

29 蒲莞同高

今有蒲生一日，长三尺。莞生一日，长一尺。蒲生日自半，莞生日自倍。问几何日而长等？

答曰：二日十三分日之六。各长四尺八寸十三分寸之六

术曰：假令二日，不足一尺五寸。令之三日，有余一尺七寸半

选自《九章算术》

蒲草和莞草都是可以编席子的草本植物，已知蒲草第1日长高3尺，莞草第1日长高1尺。此后蒲草每日长高数是前一日的一半，而莞草是前一日的一倍。问几日后两草有相等的高度？

本题虽然是一个趣味问题，却涉及了一些非常复杂的数量关系，它超越了前面几个例题中简单的比例关系的范畴。我国古代数学家构思了一种解决问题的一般方法，叫"二次假设法"，把它归结为"盈不足"的问题。这个解法的科学性如何，读者可以探究。但在那个时代，毕竟是很有意义的创举。

解法1 中算古法

假设经过2日，则

$$蒲草高度 = 3 + 3 \times \frac{1}{2} = 4.5（尺）$$

$$莞草高度 = 1 + 1 \times 2 = 3（尺）$$

对莞草来说，不足 $4.5 - 3 = 1.5$（尺）；

假设经过3日，则

$$蒲草高度 = 3 + 3 \times \frac{1}{2} + 3 \times \frac{1}{4} = 5.25（尺）$$

$$\text{莞草高度} = 1 + 1 \times 2 + 1 \times 2^2 = 7 \text{ (尺)}$$

这时，莞草超过蒲草

$$7 - 5.25 = 1.75 \text{ (尺)}$$

这样，就把本题归结为盈不足问题。由公式(28-6)得相会日数为

$$\frac{2 \times 1.75 + 3 \times 1.5}{1.75 + 1.5} = \frac{3.5 + 4.5}{3.25} = \frac{32}{13} = 2\frac{6}{13} \text{ (日)}$$

这时蒲草高度是

$$3 + 3 \times \frac{1}{2} + 3 \times \frac{1}{2} \times \frac{1}{2} \times \frac{6}{13} = 4\frac{11}{13} \text{ (尺)}$$

$$4\frac{11}{13} = 4 + \frac{8}{10} + \frac{6}{130} \text{ (尺)} = 4 \text{ 尺 } 8\frac{6}{13} \text{ 寸}$$

同理，莞草也是这个高度。

解法 2　一元一次方程

本题是一道古时的算题，出于当时人们的知识基础和认知水平，虽然实地测出了蒲草和莞草每日的生长速度不同，但在同一天内仍然把它们的长速当成是匀速的。在这个前提下，用一元一次方程来解。

设经过 x 日，两草的高度相等，根据解法 1 的分析，x 应在 (2, 3) 日之间，即 $2 < x < 3$，由此列出方程

$$3 + \frac{3}{2} + \frac{3}{4}(x-2) = 1 + 2 + 4(x-2)$$

解得

$$x = 2\frac{6}{13}$$

(下略)

古法探源　　二次假设法

起源于我国的盈不足问题，就原型来说是很简单的。为什么在古代备受推崇呢？一方面它能解决当时的许多难题，另一方面，据专家们分析，很可能经过丝绸之路，传到了中亚阿拉伯国家，在许多国家得到了研究和应用，以至中世纪、文艺复兴时代的一些数学家多用"震旦"(即中国)来命名这一算法。

就数学思想来说，今有术基本上解决了成"比例"关系的一类应用

题,而对于一些"隐杂互见"的非线性问题,如"蒲莞同高"题就需要另寻新法,盈不足就是在这一背景下产生的一种能解决一般问题的"万能"方法。

就数量关系来说,两个变量 x 和 y 之间的数量关系 $y=f(x)$ 并不明确,做两次试验,取得两组数据 (x_1, y_1),(x_2, y_2),不管它是什么样的关系,都把它归结为"盈不足"题型。用现代的眼光来看,就是用两点间的线段来近似代替曲线 $y=f(x)$,也就是"直线内插法"的原型。它是我国"比率"算法的发展和创新。

现在,我们继续研究"蒲莞同高"的问题(图 29-1、图 29-2)。蒲莞生长虽然是变速的,但题目是在认定它在一天之内的生长是匀速的。这样,由题设条件,蒲莞的生长速度为

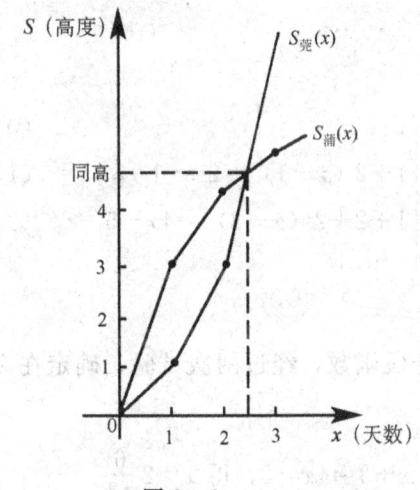

图 29-1

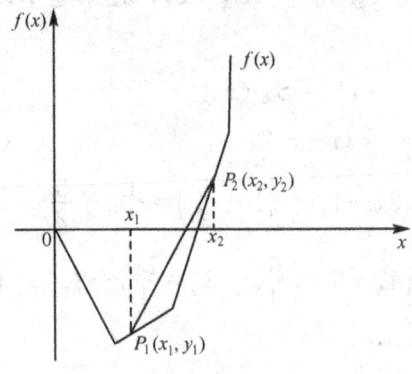

图 29-2

$$v_{蒲} = \begin{cases} 3 & (0 < x < 1) \\ 3 \times \dfrac{1}{2} & (1 \leqslant x < 2) \\ 3 \times \left(\dfrac{1}{2}\right)^2 & (2 \leqslant x < 3) \\ \cdots\cdots \end{cases} \qquad v_{莞} = \begin{cases} 1 & (0 < x < 1) \\ 2 & (1 \leqslant x < 2) \\ 2^2 & (2 \leqslant x < 3) \\ \cdots\cdots \end{cases}$$

蒲草和莞草生长的高度 S 与日数 x 的函数关系是

$$S_{蒲}(x) = \begin{cases} 3x & (0 < x < 1) \\ 3 + \dfrac{3}{2}(x-1) = \dfrac{3}{2}x + \dfrac{3}{2} & (1 \leqslant x < 2) \\ 3 + \dfrac{3}{2} + \dfrac{3}{2^2}(x-2) = \dfrac{3}{4}x + 3 & (2 \leqslant x < 3) \\ \cdots\cdots \end{cases}$$

$$S_{莞}(x) = \begin{cases} x & (0 < x < 1) \\ 1 + 2(x-1) = 2x - 1 & (1 \leqslant x < 2) \\ 1 + 2 + 2^2(x-2) = 4x - 5 & (2 \leqslant x < 3) \\ \cdots\cdots \end{cases}$$

这是两个分段函数，经过两次试验，确定在 $2 \leqslant x < 3$ 时，蒲莞同高，故由

$$\dfrac{3}{4}x + 3 = 4x - 5, \quad 得 x = 2\dfrac{6}{13}$$

如果设 $f(x) = S_{莞}(x) - S_{蒲}(x)$，在本题中，这也是一个分段函数

$$f(x) = S_{莞}(x) - S_{蒲}(x)$$

$$= \begin{cases} x - 3x = -2x & (0 < x < 1) \\ 2x - 1 - \left(\dfrac{3}{2}x + \dfrac{3}{2}\right) = \dfrac{1}{2}x - \dfrac{5}{2} & (1 \leqslant x < 2) \\ 4x - 5 - \left(\dfrac{3}{4}x + 3\right) = \dfrac{13}{4}x - 8 & (2 \leqslant x < 3) \\ \cdots\cdots \end{cases}$$

其图像如图 29-2 所示，通过两次试验：

第一次取值 x_1，得不足 $-y_1 = -f(x_1)$（注意：不足用负数表示）

第二次取值 x_2，得盈 $y_2 = f(x_2)$。

不管曲线是什么样子，我们得到其上两点 $P_1(x_1, y_1)$ 和 $P_2(x_2, y_2)$

用两点式求 P_1P_2 的方程

$$\frac{y+y_1}{x-x_1} = \frac{y_2+y_1}{x_2-x_1}$$

所以

$$y = \frac{y_2+y_1}{x_2-x_1}(x-x_1) - y_1$$

蒲莞同高时 $y=0$，即

$$(y_2+y_1)(x-x_1) - y_1(x_2-x_1) = 0$$

$$(y_1+y_2)x = x_1y_2 + x_2y_1$$

所以

$$x = \frac{x_1y_2 + x_2y_1}{y_1+y_2}$$

从图 29-2 上可以清楚地看出，如果 $f(x)$ 是一个二次以上的或其他不明关系的函数式，P_1P_2 和 x 轴交点的横坐标 x 就是 $f(x)=0$ 在区间 (x_1, x_2) 的近似根。这就是世界上最早的"弦位法"求近似根的思想。

| 读读练练 | 练 习 题 |

1.
粮长奖工

今有粮长奖劳工　不分老幼唱名呼

每人七个少三个　五个却少四十五

答曰：二十一人　钱一百五十文。

选自《算法统宗》

注：本题文字略有改动。

2. 今有人共买金，人出四百，盈三千四百；人出三百，盈一百。问人数、金价各几何？

答曰：三十三人，金价九千八百。

提示：注意相反方向量的应用。

选自《九章算术》

3. 今有垣高九尺。瓜生其上，蔓日长七寸。瓠生其下，蔓日长一尺。问几何日相逢？瓜、瓠各长几何？

答曰：五日、十七分日之五。瓜长三尺七寸、十七分寸之一，瓠长五尺二寸、十七分寸之十六

术曰：假令五日，不足五寸。令之六日，有余一尺二寸。

选自《九章算术》

30 双鼠穿垣

今有垣厚五尺,两鼠对穿。大鼠日一尺,小鼠亦日一尺。大鼠日自倍,小鼠日自半。问几何日相逢?各穿几何?

答曰:二日、十七分日之二。大鼠穿三尺四寸、十七分寸之十二。小鼠穿一尺五寸、十七分寸之五。

术曰:假令二日,不足五寸。令之三日,有余三尺七寸半。

选自《九章算术》

解法 1 中算古法

本题题意清楚，无须今译。请读者按"盈不足术"的程序与格式，自行演算。

解法 2 分段函数法

我们仿照"蒲莞同高"的思路来分析"双鼠穿垣"的函数关系。

如图 30-1，设有数轴 Ox，线段 $OA=5$ 表示墙厚，大鼠从 O 出发，沿 OA 的方向，小鼠从点 A 出发，沿 AO 的方向，相向而穿。

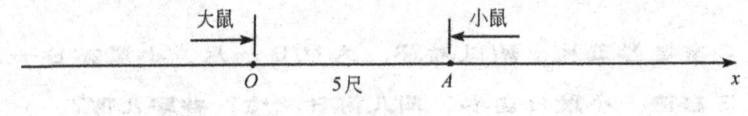

图 30-1

设 x 为日数，$v_大(x)$，$v_小(x)$ 和 $S_大(x)$，$S_小(x)$ 分别表示大、小鼠的速度和穿进的距离，则

$$v_大(x) = \begin{cases} 1 & (0<x<1) \\ 2 & (1\leqslant x<2) \\ 2^2 & (2\leqslant x<3) \\ \cdots\cdots \end{cases} \quad v_小(x) = \begin{cases} 1 & (0<x<1) \\ 1\times\dfrac{1}{2} & (1\leqslant x<2) \\ 1\times\dfrac{1}{2^2} & (2\leqslant x<3) \\ \cdots\cdots \end{cases}$$

$$S_大(x) = \begin{cases} x & (0<x<1) \\ 1+2(x-1)=2x-1 & (1\leqslant x<2) \\ 1+2+4(x-2)=4x-5 & (2\leqslant x<3) \\ \cdots\cdots \end{cases}$$

$$S_小(x) = \begin{cases} 5-x & (0<x<1) \\ 5-\left[1+\dfrac{1}{2}(x-1)\right]=4\dfrac{1}{2}-\dfrac{1}{2}x & (1\leqslant x<2) \\ 5-\left[1+\dfrac{1}{2}+\dfrac{1}{4}(x-2)\right]=4-\dfrac{1}{4}x & (2\leqslant x<3) \\ \cdots\cdots \end{cases}$$

根据二次试验的结果，

$x=2$ 时，不足 5 寸，$x=3$ 时，盈 3 尺 7 寸半，故二鼠相会于 $(2, 3)$ 日之间，由分段函数知（图 30-2）

$$4x-5=4-\frac{1}{4}x$$

所以
$$x=\frac{36}{17}=2\frac{2}{17}$$

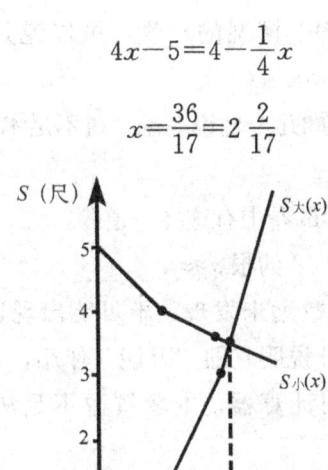

图 30-2

大鼠穿墙

$$S_{\text{大}}\left(\frac{36}{17}\right)=4\times\frac{36}{17}-5=3\frac{8}{17}=3+\frac{68}{170}+\frac{12}{170}=3+\frac{4}{10}+\frac{12}{17}\times\frac{1}{10}$$

小鼠穿墙

$$S_{\text{小}}\left(\frac{36}{17}\right)=5-S_{\text{大}}\left(\frac{36}{17}\right)=1\frac{9}{17}=1+5\times\frac{1}{10}+\frac{5}{17}\times\frac{1}{10}$$

故得大鼠穿三尺四寸十七分寸之十二，小鼠穿一尺五寸十七分寸之五。

| 古为今用 | 盈不足术的应用与探究 |

丰富的生活内容和繁杂的自然、社会现象，给数学带来了许多难以解决的应用问题。古代数学家就力图寻求一把"万能的钥匙"来开各种不同结构的锁。"盈不足术"在当时的确是一个了不起的成果，它不仅给出了线性问题的精确解和非线性问题的近似解，在那个时代可以算是"万能"的了，而且在数学思想上给人们一个重要的启迪，就是数学模型化的思想。它将各种复杂的数量关系，分析化归为特定的数学模型，把"隐杂互见"的难题的解法做到模型化、程序化。这

一思想影响深远,"方程"模型的产生,可以说是这一思想发展的产物。

下面就"数列"方面的几个题说一说"盈不足术"的今用和引起的一些争议,希望读者探究。

2003年上海高考数学试卷中有这样一道题:

例1 方程 $x^3+\lg x=18$ 的根 $x\approx$ _____ 。(结果精确到0.1)

在《九章》时代,对数远未发现,不可能出现这样的题目。如果"盈不足术"可解,就充分说明它的"万能"作用,也表明此法的实用价值。因为上海准许使用计算器,本题按盈不足法则用计算器辅助计算。

设 $x=2$,则
$$2^3+\lg 2-18=-9.70 \quad (不足)$$
$x=3$,则
$$3^3+\lg 3-18=9.48（盈）$$

代入盈不足公式得
$$x=\frac{2\times 9.48+3\times 9.70}{9.48+9.70}\approx 2.51$$

原题的标准答案是 $x=2.6$,精度不够。如果再算一次,就可以提高精度。

设 $x=2.5$,则
$$2.5^3+\lg 2.5-18=-1.98 \quad (不足)$$

这时
$$x=\frac{2.5\times 9.48+3\times 1.98}{9.48+1.98}=2.586\approx 2.6$$

实际上这就是弦位法求近似根。

例2 今有良马与驽马发长安至齐。齐去长安三千里。良马初日行一百九十三里,日增一十三里。驽马初日行九十七里,日减半里。良马先至齐,复还迎驽马。问几何日相逢及各行几何?

答曰:一十五日、一百九十一分日之一百三十五而相逢。良马行四千五百三十四里、一百九十一分里之四十六。驽马行一千四百六十五里、一百九十一分里之一百四十五。

术曰:假令十五日,不足三百三十七里半。令之十六日,多一百四十里。以盈、不足维乘假令之数,并而为实。并盈不足为法。实如法而一,得日数。不尽者,以等数除之而命分。

选自《九章算术》

解法1 中算古法

本题不再译解,请读者按盈不足术,自行计算。

解法2 等差数列

这是一则和中学等差数列知识密切结合的习题,很值得练习与研究。

良马、劣马每日的速率均成等差数列。设良马第一日的速率为 $a_1=193$ 里,公差 $d=13$ 里;劣马第一日的速率为 $a'=97$ 里,公差 $d'=-0.5$ 里

利用公式: $$S_n=na_1+\frac{n(n-1)d}{2}$$

(刘徽在注解中已经指明了这个公式)求良马和劣马的行程。

良马15日行程:
$$15\times193+15\times14\times13\div2=2895+1365=4260\text{(里)}$$

劣马15日行程:
$$15\times97+15\times14\times(-0.5)\div2=1455-52.5=1402.5\text{(里)}$$

不足:$6000-4260-1402.5=337.5$(里)

良马16日行程:
$$16\times193+16\times15\times13\div2=3088+1560=4648\text{(里)}$$

劣马16日行程:
$$16\times97+16\times15\times(-0.5)\div2=1552-60=1492\text{(里)}$$

盈余:$4648+1492-6000=140$(里)

现在只要求15日后两马相遇的时间就行了。这时两马的距离是337.5里,用等差数列的通项公式 $a_n=a_1+(n-1)d$ 求:

良马第16日的速率是:$193+15\times13=388$(里/日)

劣马第16日的速率是:$97+15\times(-0.5)=89.5$(里/日)

第16日二马的速率和为:$388+89.5=477.5$(里/日)

故二马在第16日相遇的时间为
$$t=\frac{337.5}{477.5}=\frac{135}{191}\text{(日)}$$

总计，良马行程为：$4260+388\times\frac{135}{191}=4534\frac{46}{191}$（里）

劣马行程：$1402.5+89.5\times\frac{135}{191}=1465\frac{145}{191}$（里）

在近几年高中复习时也常常有这样的试题出现。

例 3 A，B 两人以相距 32 千米的两地同时相向出发，A 以匀速 4 千米/小时前进，B 以第一小时 2 千米/小时的速度匀速前进，第二小时以 2.5 千米/小时的速度匀速前进，……第 k 小时以 $2+0.5(k-1)$ 千米/小时的速度匀速前进，……，则 A、B 相遇历时多少小时？

解法 1 等差数列

设 A、B 相遇前所走过的整时数为 t，则

$$4t+\left[2t+\frac{t(t-1)}{2}\times\frac{1}{2}\right]\leqslant 32<4(t+1)+\left[2(t+1)+\frac{t(t+1)}{2}\frac{1}{2}\right](t\in\mathbf{N})$$

解得
$$t=4$$

4 小时后，两人共走了 27 千米，这时 A 时速仍为 4 千米/小时，B 时速为 4 千米/小时，在这个路段上相会，需时 $\frac{5}{4+4}=\frac{5}{8}$，总共需时 $4\frac{5}{8}$ 小时。

解法 2 盈不足术

假设 $t=4$ 则

$$4\times 4+(2+2.5+3+3.5)=27 \quad \text{不足 } 5$$

$t=5$ 则

$$4\times 5+(2+2.5+3+3.5+4)=35 \quad \text{盈 } 3$$

由盈不足法则得

$$t=\frac{4\times 3+5\times 5}{5+3}=4\frac{5}{8} \text{（小时）}$$

请读者想一想，如果直接解方程求 t

$$4t+\left[2t+\frac{t(t-1)}{2}\times\frac{1}{2}\right]=32$$

其结果是否一致？为什么？

从上面几个例题可以看出，盈不足术就是在今天解有些题目还是很

方便的。但在历史上对有些题的解法有争议，现介绍一点，请大家探究。我们的观点是：(1) 要注意《九章》的时代背景，当时许多数学理论还没有产生，要用历史的眼光来分析问题；(2) 要注意盈不足术的使用条件，把"形"和"数"结合起来，理解它化非线性为线性的处理方法。

对"双鼠穿垣"题，清末蔡毅提出另一解法（蔡毅《同文馆课艺》）。

设 x 日后两鼠相遇，则

大鼠穿进
$$1+2+2^2+\cdots+2^{x-1}=2^x-1$$

小鼠穿进
$$1+\frac{1}{2}+\cdots+\frac{1}{2^{x-1}}=2-\frac{1}{2^{x-1}}$$

由
$$2^x-1+2-\frac{1}{2^{x-1}}=5$$

即
$$2^{2x}-4\times 2^x-2=0, \quad 2^x=2+\sqrt{6}$$

所以
$$x=\frac{\lg(2+\sqrt{6})}{\lg 2}\neq 2\frac{2}{17}$$

请你对蔡毅的解答作出分析和评价。

对于例2，如果直接用等差数列解，两马共行6000里，两马的速率和仍然是等差数列。其中，$a_1=193+97=290$，$d=13-0.5=12.5$。设 x 日相遇，则 $S_x=6000$，

$$290x+\frac{x(x-1)}{2}\times 12.5=6000$$

$$5x^2+227x-4800=0$$

所以 $x=\frac{\sqrt{147529}-227}{10}\approx 15.71\neq 15\frac{135}{191}\approx 15.7068$

有人说《九章》的结果是近似解，上面的结果是精确解，你以为如何？

好玩的数学
中国古算解趣

读读练练 　　**练 习 题**

1. 　　　　　　　　三公开店
　　　　　我问开店李三公　众客都来到店中
　　　　　一房七客多七客　一房九客一房空
答曰：房八间，客六十三人。

2. 　　　　　　　　牧童分竹
　　　　　林下牧童闹如簇　不知人数不知竹
　　　　　每人六竿多十四　每人八竿恰齐足
答曰：七人，竹五十六竿。

　　　　　　　　　　　　　　　　选自《算法统宗》

31 雉兔同笼

今有雉兔同笼，上有三十五头，下有九十四足。问雉兔各几何？

答曰：雉二十三，兔一十二。

选自《孙子算经》

这是一道在民间流传极广的算术题。古人希望学生们能用心算直接报出答案来。下面我们介绍 2 种解法。

解法 1　二元一次方程组

设雉有 x 只，兔有 y 只，依题意列方程组

$$\begin{cases} x+y=35 & (31\text{-}1) \\ 2x+4y=94 & (31\text{-}2) \end{cases}$$

(31-2) ÷2：

$$x+2y=47 \qquad (31\text{-}3)$$

(31-3) − (31-1)：

$$y=12$$

代入 (31-1) 得

$$x=23$$

解法 2　算术方法

给笼中的雉（即野鸡）和兔下一道命令："野鸡独立，兔子举手"，这时，地面还有多少只脚？

$$94÷2=47（只）$$

让头和脚建立对应关系：雉 1 头→1 足，兔 1 头→2 足，所以兔子的个数是

$$47-35=12（只）$$

雉的个数是

$$35-12=23（只）$$

合成总算式

$$兔数=足数÷2-头数=94÷2-35=12（只）$$
$$雉数=头数-兔数=35-12=23（只）$$

只要会用"野鸡独立，兔子举手"这个命令，连幼儿园的小朋友都能心算这道题。

其实这个方法里还孕育着一个重要的数学思想，即集合对应的思想。现在在小学的教材里就注意引导和渗透了。本题中，命令下达以后，鸡头和鸡足是 1 对 1，即"1→1"，兔头和兔足是"1→2"，所以足数−头数＝兔数。这样，本题就可以成为茶余饭后的谈资了。

| 古法探源 | 我国古代的方程理论

"雉兔同笼"题导出了二元一次方程组解应用题的实例。其实，我国古代数学家对"线性方程组问题"提出了一整套的理论和方法，在世界数学史上取得了具有划时代意义的伟大成就。是"今有术"和"盈不足术"的发展，为应用题的解法又开辟了一条新路。

先举一例来说明我国传统意义上的方程概念和解法。

例1 今有上禾三秉，中禾二秉，下禾一秉，实三十九斗；上禾二秉，中禾三秉，下禾一秉，实三十四斗；上禾一秉，中禾二秉，下禾三秉，实二十六斗。问上、中、下禾实一秉各几何？

答曰：上禾一秉，九斗、四分斗之一，中禾一秉，四斗、四分斗之一，下禾一秉，二斗、四分斗之三。

选自《九章算术》

这是一则简单的三元一次方程组题，意思是已知上等禾3捆，中等禾2捆，下等禾1捆，共打出粮食39斗；上等禾2捆，中等禾3捆，下等禾1捆，共打出粮食34斗；上等禾1捆，中等禾2捆，下等禾3捆，共打出粮食26斗，问上、中、下等禾每捆可打出多少粮食？

像这样的应用题，种类繁多，各有定数并且各类的总和也知道，刘徽称这类问题是"群物总杂，各列有数，总言其实。"处理的方法是"令每行为率，二物者再程，三物者三程，皆如物数程之。并列为行，故谓之方程。"就是说，把这些数按类别一行一行地列出来，有几个未知数就排上几列，各列称为"率"，是可以按比例扩大缩小的，而"程"有比较、试验之意。刘徽把这样的数字方阵叫"方程"，和现在说的"含未知数的等式"有些区别，根据这样的思想，方程的求解就可按步实施了。

	左	中	右			左	中	右	
上	1	2	3	中×3		1	6	3	中−右×2
中	2	3	2	→		2	9	2	→
下	3	1	1			3	3	1	
实	26	34	39			26	102	39	

$$\begin{pmatrix} \text{左} & \text{中} & \text{右} \\ 1 & 0 & 3 \\ 2 & 5 & 2 \\ 3 & 1 & 1 \\ 26 & 24 & 39 \end{pmatrix} \xrightarrow{\text{左}\times 3} \begin{pmatrix} \text{左} & \text{中} & \text{右} \\ 3 & 0 & 3 \\ 6 & 5 & 2 \\ 9 & 1 & 1 \\ 78 & 24 & 39 \end{pmatrix} \xrightarrow{\text{左}-\text{右}} \begin{pmatrix} \text{左} & \text{中} & \text{右} \\ 0 & 0 & 3 \\ 4 & 5 & 2 \\ 8 & 1 & 1 \\ 39 & 24 & 39 \end{pmatrix} \xrightarrow{\text{左}\times 5}$$

$$\begin{pmatrix} \text{左} & \text{中} & \text{右} \\ 0 & 0 & 3 \\ 20 & 5 & 2 \\ 40 & 1 & 1 \\ 195 & 24 & 39 \end{pmatrix} \xrightarrow{\text{左}-\text{中}\times 4} \begin{pmatrix} \text{左} & \text{中} & \text{右} \\ 0 & 0 & 3 \\ 0 & 5 & 2 \\ 36 & 1 & 1 \\ 99 & 24 & 39 \end{pmatrix}$$

经过这样一系列的变换，最后一个矩阵的实际意义是

$$\begin{cases} \text{下禾 } 36 \text{ 秉，实 } 99 \text{ 斤；} \\ \text{中禾 } 5 \text{ 秉，下禾 } 1 \text{ 秉，实 } 24 \text{ 斤；} \\ \text{上禾 } 3 \text{ 秉，中禾 } 2 \text{ 秉，下禾 } 1 \text{ 秉，实 } 39 \text{ 斤。} \end{cases}$$

很容易用代入法求得

下禾 1 秉，实是

$$\frac{99}{36} = 2\frac{3}{4} \text{（斗）}$$

中禾 1 秉，实是

$$\frac{24 - 2\frac{3}{4}}{5} = \frac{96-11}{20} = \frac{17}{4} = 4\frac{1}{4} \text{（斗）}$$

上禾 1 秉，实是

$$\frac{39 - 2\times\frac{17}{4} - \frac{11}{4}}{3} = \frac{156-45}{12} = \frac{37}{4} = 9\frac{1}{4} \text{（斗）}$$

由于古代中文是直行书写，这种格式颇不习惯，改为横行，就和我们现在学习的一次方程组的消去法完全一致了。

例 2 还以"雉兔同笼"为例，用现代的形式练习一下消去法。

解方程组

$$\begin{cases} x+y=35 \\ 2x+4y=94 \end{cases}$$

解 列出矩阵

$$\text{上}\begin{bmatrix} 1 & 1 & 35 \\ 2 & 4 & 94 \end{bmatrix} \xrightarrow{\text{下}\div 2} \begin{bmatrix} 1 & 1 & 35 \\ 1 & 2 & 47 \end{bmatrix} \xrightarrow{\text{下}-\text{上}}$$

$$\begin{bmatrix} 1 & 1 & 35 \\ 0 & 1 & 12 \end{bmatrix} \xrightarrow{\text{上}-\text{下}} \begin{bmatrix} 1 & 0 & 23 \\ 0 & 1 & 12 \end{bmatrix}$$

显然得到：兔12只，雉23只。

例3 解方程组

$$\begin{cases} x_1+x_2+x_3=6 \\ x_1+2x_2-x_3=2 \\ 2x_1-3x_2+x_3=-1 \end{cases}$$

解 把方程组的系数列成矩阵

$$\text{上}\begin{bmatrix} 1 & 1 & 1 & 6 \\ 1 & 2 & -1 & 2 \\ 2 & -3 & 1 & -1 \end{bmatrix} \xrightarrow{\text{中}-\text{上}} \begin{bmatrix} 1 & 1 & 1 & 6 \\ 0 & 1 & -2 & -4 \\ 2 & -3 & 1 & -1 \end{bmatrix} \xrightarrow{\text{下}-\text{上}\times 2}$$

$$\begin{bmatrix} 1 & 1 & 1 & 6 \\ 0 & 1 & -2 & -4 \\ 0 & -5 & -1 & -13 \end{bmatrix} \xrightarrow{\text{下}+\text{中}\times 5} \begin{bmatrix} 1 & 1 & 1 & 6 \\ 0 & 1 & -2 & -4 \\ 0 & 0 & -11 & -33 \end{bmatrix} \xrightarrow{\text{下}\div(-11)}$$

$$\begin{bmatrix} 1 & 1 & 1 & 6 \\ 0 & 1 & -2 & -4 \\ 0 & 0 & 1 & 3 \end{bmatrix} \xrightarrow{\text{中}+\text{下}\times 2} \begin{bmatrix} 1 & 1 & 1 & 6 \\ 0 & 1 & 0 & 2 \\ 0 & 0 & 1 & 3 \end{bmatrix} \xrightarrow{\text{上}-\text{中}-\text{下}}$$

$$\begin{bmatrix} 1 & 0 & 0 & 1 \\ 0 & 1 & 0 & 2 \\ 0 & 0 & 1 & 3 \end{bmatrix}$$

所以 $x_1=1$，$x_2=2$，$x_3=3$。

| 读读练练 | 练 习 题 |

1. 争强斗胜

八臂一头号夜叉　三头六臂是哪吒　两处争强来斗胜
不相胜负正交加　三十六头齐出动　一百八手乱相抓
旁边看者殷勤问　几个哪吒几夜叉

答曰：6夜叉，10哪吒。

选自《九章算法比类大全》

2. 三足团鱼六眼龟　共同山下一深池　九十三足乱浮水
一百二眼将人窥　或出没　往东西　倚栏观看不能知
有人算得无差错　好酒重斟赠数杯
答曰：团鱼一十五个，龟一十二个。

选自《算法统宗》

3. 野鸡兔子头数九，地上脚数二十六，多少野鸡多少兔？
答曰：鸡五只，兔四只

4. 麻雀蝉，逗着玩，头二六，脚百三，多少麻雀多少蝉？
答曰：雀十三，蝉十三

选自《数学教学优因工程》

提示：蝉有8只脚。

32 物不知数

今有物，不知其数。三、三数之，剩二；五、五数之，剩三；七、七数之，剩二。问物几何？

答曰：二十三。

选自《孙子算经》

今有一堆物品，不知是多少个。每三个三个数，最后余二个；每五个五个数，最后余三个；每七个七个数，最后余二个；问这堆物品共有多少个？

《孙子算经》给出的算法是这样的：

术曰：三、三数之剩二，置一百四十；五、五数之剩三，置六十三；七、七数之剩二，置三十。并之，得二百三十三。以二百一十减之，即得。

凡三、三数之剩一，则置七十；五、五数之剩一，则置二十一；七、七数之剩一，则置十五。一百六以上，以一百五减之，即得。

古法探源　　小韩信神机人莫测

这是一道驰名中外的古题，它虽然从简单的数物计数开始，却广泛应用于天文、历法、军事、工程，引起了后世极大的兴趣，开创了世界"同余式"研究的先河。在我国此题几乎家喻户晓，有人称此法为"韩信点兵"，也有人称为"秦王暗点兵"、"鬼谷算"、"隔墙算"等，并将解题方法改为隐语诗歌，启示读者去思考其中的奥秘。说得比较清楚一点的是程大位在《算法统宗》里的诗，现录于后，请读者细细品味此题的解法。

三人同行七十稀　　五数梅花廿一枝
七子团圆正月半　　除百零五便得知

用现代通用的数学语言来说，就是求一个数，同时满足被3除余2，被5除余3，被7除余2这三个条件。

解题的思路也十分明确，从构造上来剖析答案的构成可以用下式表示：

答数 = (被3除余2，且是5和7的倍数) + (被5除余3，且是3和5的倍数) + (被7除余2，且是3和5的倍数) − (3，5，7的最小公倍数) = 140 + 63 + 30 − 210 = 23

为了寻求解决这类题目的一般规律，我国古代数学家认为"求一"是难点和关键所在，即要找"被3除余2，并且是5和7的倍数"的数，首先要找"被 3 除余 1，并且是 5 和 7 的倍数"；要找"被 5 除余 2，并且是 3 和 7 的倍数"，先要找"被 5 除余 1，并且是 3 和 7 的倍数"，下面就讲一讲计算的方法。

因为 5×7＝35，35÷3＝11 余 2，不合条件，而 2×35＝70 符合条件，所以"三三数之剩一，则置 70"其缘由在此。同理"五五数之剩 1，则置 21""七七数之剩 1，则置 15"。而原题条件的余数是 2，3，2，所以把 70，21，15 扩大相应的倍数然后相加即得

$$2×70＋3×21＋2×15＝233$$

为了求得适合条件的最小解，连减 3×5×7＝105 得

$$233－210＝23$$

程大位的解题秘诀就暗示了解题的规律。

三人同行七十稀——被 3 除余 1，并且是 5 和 7 的倍数的数是 70；
五树梅花廿一枝——被 5 除余 1，并且是 3 和 7 的倍数的数是 21；
七子团圆正月半——被 7 除余 1，并且是 3 和 5 的倍数的数是 15；
除百零五便得知——减去 3、5、7 的最小公倍数 105。

我国古代数学具有构造性和机械化的特点，并且"寓理于算，不证自明"，从这个题目就看得很清楚了。但是，做到"不证自明"还要花一番大力气，这也正是启迪智慧、训练能力的难遇良机。

宋人周密（1232～1298）对术文另作一首隐语诗（鬼谷算）：

三岁孩儿七十稀，五留念一事尤奇，
七度上元重相会，寒食清明便可知。

诗中隐含一些典故，增加了破译的难度，这里"上元"指正月十五，暗示 15。寒食节是清明前一天，相传是晋文公为了悼念介子推抱木焚死之日，而规定这一天"禁火寒食"。从冬至到寒食恰 105 天，暗示数字 105。

| 中算典籍 | 《孙子算经》 |

《孙子算经》是我国一部较为普及的数学著作，选题浅近易晓，适合于教学。全书分上、中、下三卷，上卷叙述度量衡制度，筹算计数和乘除算法；卷中是筹算分数算法和开平方法，是记叙筹算制度和算法的

较好的教材；卷下是各种应用问题，包含有市场交易、田亩、仓储、测望乃至军旅等 46 个。

《孙子算经》的作者和编纂年代没有确切的记载，有人认为它出于战国初期写《孙子兵法》的孙武之手，休宁县的戴震根据书中内容，断定它不是孙武的原著。从算题的内容和历史背景来分析，成书大约在公元 4、5 世纪。

从内容特色来看，它以实际应用为先，注重计算技术，题目通俗有趣，解法巧妙简便，在我国古代数学教育的启蒙读物中，是很有代表性的一种。本书将有重点地选择一些题目作详细的分析解答。

《孙子算经》通过"物不知数"题，最早记叙了举世闻名的"中国剩余定理"，这也是它成为流传千古的数学典籍的原因之一。

读读练练　　　　练 习 题

解同余式

$$x \equiv 0 \pmod{3} \equiv 4 \pmod{5} \equiv 6 \pmod{7}$$

33 古算摘奇

七数剩一，八数剩二，九数剩三，问本总数几何？

答曰：四百九十八

选自《续古摘奇算法》

术曰：七余一，下二百八十八，题内余一，
下二百八十八；八余二，下四百四十一，题内余二，
下八百八十二；九余一，下二百八十，题内余三，
下八百四十。并之，二千一十，满五百四去之，
去三个五百四，余四百九十八，合问。

按前文所说的方法，剖析杨辉之术，逐步演算，并注意归纳总结找出解此类题的一般规律（参看"二谈物不知数"）。

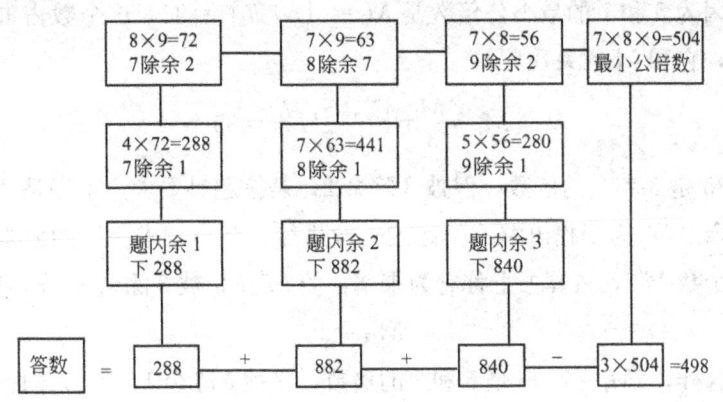

| 古法探源 |　　二谈"物不知数"

《孙子算经》中"物不知数"题可谓世界名题，提出后引起后世极大的兴趣。简单的题，老人、小孩都能解决，深入的理论研究却十分困难。宋人秦九韶，清人焦循、黄宗宪等经过几代人几百年的努力，终于找到了一般的解法，取得了举世公认的成果。正因为此，我们将从浅谈起，逐步深入，本讲不用任何高深理论，在已有的算术基础上，讲清解题的思路和方法，初步掌握先辈们的研究成果。

就"物不知数"题来说，总的解题思路分三步：

1. 求最小公倍数

先求3个数3，5，7的最小公倍数M。因为3，5，7两两互质，即
$$(3,5)=(5,7)=(3,7)=1$$
所以　　　　　　　$M=[3,5,7]=3\times 5\times 7=105$

M的任何整数倍都能被3，5，7整除，增加或减少若干个M，对余数不发生影响。

2. 分堆求一

因为原题要求3个条件同时成立，我们采取"各个击破"的办法，抓住一个条件，兼顾其他条件，分堆数物，逐条解决。

第一堆，物品数要满足"被3除余1，但同时是5和7的倍数"，这样就可以排除5和7的干扰。

因为5和7的最小公倍数是$M_1=[5,7]=35$，这个数古书上叫衍数，它和M的关系是
$$M_1=\frac{M}{3}=\frac{[3,5,7]}{3}=35$$

35是5和7的倍数，但被3除余2，若按题目要求，正好是"三三数之余二"，为了找出解这类题的一般规律，坚持"求一"的要求，即找一个数M'_1，古算书上称它为乘率，使$M'_1 M_1$被3除余1，所以乘率
$$M'_1=2$$

这样，$2M_1=70$既是5和7的倍数，又被3除余1，"三人同行七十稀"就是这个道理。

第二堆物品的数量应是 3 和 7 的倍数，但被 5 除余 1。

衍数 $M_2 = \dfrac{M}{5} = [3, 7] = 21$，而 $21 \div 5 = 4$ 余 1，所以乘率 $M'_2 = 1$

所以有"五数梅花廿一枝"。

同理，第三堆物品数是 3 和 5 的倍数，但被 7 除余 1，

衍数 $M_3 = \dfrac{M}{7} = [3, 5] = 15$，乘率 $M'_3 = 1$，

即"七子团圆正月半"。

3. 乘余汇总

因为原题中"三数余二"，而 $M'_1 M_1 = 70$，只是"三除余 1"必须用余数 2 来乘，即 $2 M'_1 M_1 = 2 \times 2 \times 35 = 140$ 才符合题目第 1 条的要求。

5 除余 3，7 除余 2，也做同样处理。

汇总所求各数

$$2M'_1 M_1 + 3M'_2 M_2 + 2M'_3 M_3 = 2 \times 70 + 3 \times 21 + 2 \times 15 = 233$$

就得到符合条件的物之总数，但它不是最小解，连减 $M = 3 \times 5 \times 7 = 105$ 不影响本题的要求，直到小于 105 为止。这样

$$233 - 2 \times 105 = 23$$

为最小解。

下面我们解本节"古算摘奇"题。

例 七数剩一，八数剩一，九数剩三，问本总数。

解 先求最小公倍数

$$M = [7, 8, 9] = 7 \times 8 \times 9 = 504$$

衍数

$$M_1 = \dfrac{M}{7} = 8 \times 9 = 72$$

因为 $72 \div 7 = 10$ 余 2，

找 M'_1 使 $2M'_1$ 被 7 除余 1，显然，乘率 $M'_1 = 4$；

同理，衍数

$$M_2 = \dfrac{M}{8} = 7 \times 9 = 63$$

因为 $63 \div 8 = 7$ 余 7，

找 M'_2 使 $7M'_2$ 被 8 除余 1，在数字不大的情况下，可以进行估算，

求得乘率 $M'_2=7$；

衍数 $M_3=56$，乘率 $M'_3=5$。

乘余汇总
$$1\times M'_1 M_1 + 1\times M'_2 M_2 + 3\times M'_3 M_3 = 1569$$

减去 $3M$ 得最小数 57。

读读练练　　练　习　题

二数余一，五数余二，七数余三，九数余四，问原总数几何？

答曰：一百五十七。

选自《续古摘奇算法》

34 韩信点兵

有兵一队,若列成五行纵队,则末行一人;成六行纵队,则末行五人;成七行纵队,则末行四人;成十一行纵队,则末行十人。求兵数。

选自陈景润《初等数论》

韩信是汉朝的名将,江苏淮阴人。楚汉战争时,辅佐刘邦战败项羽,立下了汗马功劳。人们常说"韩信用兵,多多益善"。有记载说韩信统率大军,在册兵员 26641 人,部队集合后,他只要求按 1~3,1~5,1~7 报数,从每次报数的余数就可知道实到的人数(还要有一个上界),这就是韩信点兵问题。本题是通过列队变形,从五行、六行、七行、十一行的余数,来计算兵数。通常人们也把《孙子算经》中的"物不知数"题叫"韩信点兵"。

本题的数学表述是:某数被 5 除余 1,被 6 除余 5,被 7 除余 4,被 11 除余 10,求此数。

解 先求最小公倍数

$$M = [5, 6, 7, 11] = 5 \times 6 \times 7 \times 11 = 2310$$

求衍数和乘率

$$M_1 = \frac{M}{5} = 6 \times 7 \times 11 = 462, \quad M'_1 = 3$$

$$M_2 = \frac{M}{6} = 5 \times 7 \times 11 = 385, \quad M'_2 = 1$$

$$M_3 = \frac{M}{7} = 5 \times 6 \times 11 = 330, \quad M'_3 = 1$$

$$M_4 = \frac{M}{11} = 5 \times 6 \times 7 = 210, \quad M'_4 = 1$$

乘余汇总

$$1 \times M'_1 M_1 + 5 \times M'_2 M_2 + 4 \times M'_3 M_3 + 10 \times M'_4 M_4$$
$$= 6731 = 2111 + 2 \times 2310$$

兵数至少为 2111 人。

下面用列表（表 34-1）的形式把解答表示出来，这样就比较接近现代数论书中的表达方式了。

表 34-1 韩信点兵

除数	余数	最小公倍数	衍数	乘率	各总	答数	最小答数
5	1	$5 \times 6 \times 7 \times 11 = 2310$	$6 \times 7 \times 11 = 462$	3	$1 \times 3 \times 462 = 1386$	$1386 + 1925 + 1320 + 2100 = 6731$	$6731 - 2 \times 2310 = 2111$
6	5		$5 \times 7 \times 11 = 385$	1	$5 \times 1 \times 385 = 1925$		
7	4		$5 \times 6 \times 11 = 330$	1	$4 \times 1 \times 330 = 1320$		
11	10		$5 \times 6 \times 7 = 210$	1	$10 \times 1 \times 210 = 2100$		

智慧之光　　　　孙　子　定　理

人们为了生活，天天都要和数打交道。比如说年、月、日、星期几、几点钟等，但实际应用中不需要这一大串整数，而是被某一个固定的正整数去除所得的余数。像学生们最关心的是今天是星期几，因为课表是按周排的，而星期几就是用 7 去除某一个总天数所得的余数。例如，2003 年元旦是星期三，那么 2004 年元旦是星期几呢？由于一年是 365 天，2003 年又不是闰年，用 7 去除 365，余数是 1，所以 2004 年元旦是星期四。"物不知数"就是研究余数的问题，这样，数学里就引进了"同余"的概念。

如果两个整数 a，b 被另一个数 m 除，所得的余数相同，我们就称这两个数 a、b 关于 m 同余，m 称为模，记以

$$a \equiv b \pmod{m} \tag{34-1}$$

上面的例子就可以这样来解决：因为 2003 年元旦是星期三，而
$$365 \equiv 1 \pmod{7}$$
所以 2004 年元旦是星期四。

若 a, b 关于 m 同余，很显然，它们的差能被 m 整除，即
$$a - b = mt \quad (t \text{ 是整数}) \tag{34-2}$$
反之也是对的。这就是说 (34-1)、(34-2) 两式是完全一致的，可以互相代替，数学上叫作等价。

如果 a, b 是整数，m 是正整数，$a \not\equiv 0 \pmod{m}$
$$ax \equiv b \pmod{m} \tag{34-3}$$
称为关于模 m 的一次同余式。

如果正整数 $x = c$ 满足同余式 (34-3)，即
$$ac \equiv b \pmod{m}$$
那么，c 叫作同余式 (34-3) 的解，而且 $x \equiv c \pmod{m}$ 的一切整数都是同余式 (34-3) 的解。

例如，在"物不知数"中，"三人同行七十稀"就可以用同余式 $35x \equiv 1 \pmod{3}$ 来表示，$x = 2$ 是它的解。因此，$x \equiv 2 \pmod{3}$，即 $x = 2, 5, 8, \cdots, 2 + 3t$, ($t$ 是整数)，都是这同余式的解。

由 k 个同余式构成的同余式组
$$\begin{cases} x \equiv b_1 \pmod{m_1} \\ x \equiv b_2 \pmod{m_2} \\ \cdots \cdots \\ x \equiv b_k \pmod{m_k} \end{cases}$$
如果 $x = c$ 同时满足这 k 个同余式，那么 c 就是这个同余式组的解。

可以证明 $x \equiv c \pmod{m_1 m_2 \cdots m_k}$ 的一切整数都是这个同余式的解。

根据上面介绍的符号，"物不知数"题就是解下面的同余式组：
$$\begin{cases} x \equiv 2 \pmod{3} \\ x \equiv 3 \pmod{5} \\ x \equiv 2 \pmod{7} \end{cases}$$

《孙子算经》所提供的方法是解一次同余式组的一般方法，解题的关键在于求乘率，用现在的记号就是解 3 个独立的同余式

$$5 \times 7 \times M'_1 \equiv 1 (\mod 3)$$
$$3 \times 7 \times M'_2 \equiv 1 (\mod 5)$$
$$3 \times 5 \times M'_3 \equiv 1 (\mod 7)$$

这也是解一次同余式组的难点所在。

所求数为

$$x \equiv 2M'_1 M_1 + 3M'_2 M_2 + 2M'_3 M_3 (\mod 3 \times 5 \times 7) \equiv 23 (\mod 105)$$

现将解题过程列表 34-2 如下：

表 34-2　"物不知数"解答

除数	余数	最小公倍数	衍数	乘率	各总	答数	最小答数
3	2	$3 \times 5 \times 7$ $=105$	5×7	2	$35 \times 2 \times 2$	$140+63+$ $30=233$	$233-2 \times 105=23$
5	3		7×3	1	$21 \times 1 \times 3$		
7	2		3×5	1	$15 \times 1 \times 2$		

在《孙子算经》"物不知数"题的启示下，经过秦九韶，焦循，张敦仁，黄宗宪等数学家的深入研究，得出了著名的孙子定理（又叫中国剩余定理）。

孙子定理：设 $m_1, m_2, \cdots, m_k$ 是 k 个两两互质的正整数，$M = m_1 m_2 \cdots m_k$，$M_i = \dfrac{M}{m_i}$，$i=1, 2, \cdots, k$，则同余式组

$$\begin{cases} x \equiv b_1 (\mod m_1) \\ x \equiv b_2 (\mod m_2) \\ \cdots \cdots \\ x \equiv b_k (\mod m_k) \end{cases}$$

的解是

$$x \equiv b_1 M'_1 M_1 + b_2 M'_2 M_2 + \cdots + b_k M'_k M_k (\mod m)$$

其中，

$$M'_i M_i \equiv 1 (\mod m_i), \quad i=1, 2, \cdots, k$$

这个定理的证明，一般初等数论的书上均有，请读者自行查阅。

解题过程可以列表 34-3 如下：

表 34-3　孙子定理

除数	余数	最小公倍数	衍数	乘率	各总	答数
m_1	b_1		M_1	M'_1	$b_1 M'_1 M_1$	
m_2	b_2	$M = m_1 m_2 \cdots m_k$	M_2	M'_2	$b_2 M'_2 M_2$	$x \equiv \sum_{i=1}^{k} b_i M'_i M_i \pmod{M}$
...	...		...	...	...	
m_k	b_k		M_k	M'_k	$b_k M'_k M_k$	

世界上许多国家对一次同余式组都做过研究，有的直接或间接受到我国的影响和启示。下面选两个外国的古题，在时间上都晚于我国的"物不知数"，从比较中可以看到我们领先的成果和智慧的光辉。

例1 今有物不知总数，只云：五除余一个，七除余二个，问总数几何？

答曰：一十六个

选自日本关孝和《括要算法》(汉文)

这个题目比较简单，请读者自行解答。

例2 解同余式组：

$$x \equiv 2 \pmod{3} \equiv 3 \pmod{5} \equiv 4 \pmod{7}$$

选自斐波那契《算经》(1202)

原书有解，其解法相当于以下形式：

```
mod 3    70    2    2×70=140-105=35
mod 5    21    3    3×21=63            63
mod 7    15    4    4×15=60            60
                                      158
                                      105
                                       53
```

斐波那契是意大利数学家(1175~1250)，他的著作《算盘书》是一部传播阿拉伯数学的不朽著作，书中出现了和《孙子算经》中一样的同余式问题。有学者认为，一种可能是通过丝绸之路由阿拉伯人传授了这一算法，也可能是偶然巧合。比利时学者李倍始在《十三世纪中国数学》书中认为斐波那契没有对其解法作理论或一般解释，因此他的解题水平并没有超过《孙子算经》。

读读练练　　练 习 题

1. 十一数余三，七十二数余二，十三数余一，问本数。

答曰：一千七百三十

选自《续古摘奇算法》

2. 有记载说韩信统率大军，在册兵员 26641 人，部队集合时，按 1～3，1～5，1～7 报数，每次报数的余数依次为 1，3，4。现在知道韩军缺员人数不到 100 人，求韩军实到的兵员人数和缺员人数。

答案：26548 人，93 人

选自沈康身《历史数学名题赏析》

提示：　$x = 88 + 105t,\ t \in \mathbf{Z}$

　　　　$26641 - 100 < x \leqslant 26641$

35 三偷盗米

问有米铺诉被盗去米一般三箩，皆适满，不记细数。今左壁箩剩一合，中间箩剩一升四合，右壁箩剩一合。后获贼，系甲、乙、丙三名。甲称当夜摸得马勺，在左壁箩满舀入布袋；乙称踢着木屐，在中箩舀入袋；丙称摸得漆碗，在右边箩舀入袋。将归食用，日久不知数。索到三器，马勺满容一升九合，木屐容一升七合，漆碗容一升二合。欲知所失米数，计赃结断，三盗各几何？

答曰：共失米九石五斗六升三合；甲米三石一斗九升二合；乙米三石一斗七升九合；丙米三石一斗九升二合。

选自《数书九章》

注：原题标题是《余米推数》

中国古算解趣

这是一则三偷盗米的故事。说的是某米店老板报告，夜里三箩筐米被盗，三箩的容量相同，都装满了米。调查现场发现，中箩还余米1升4合，左、右箩各余1合。后来案破，甲、乙、丙被抓获。甲供称当夜摸到一个马勺，在左箩舀米，乙称踢着一只鞋子，就用它在中箩取米，丙说拾得一个漆碗，在右箩盛米。经鉴定，勺、鞋、碗三者的容量依次是1升9合，1升7合，1升2合，问米店共失去多少米？

用纯数学的语言来说，这个题非常简单、明确（以合为单位），即已知某数被19除余1，被17除余14，被12除余1，求此数。

解 这个同余式组是

$$\begin{cases} x \equiv 1 \pmod{19} \\ x \equiv 14 \pmod{17} \\ x \equiv 1 \pmod{12} \end{cases}$$

其中，$m_1 = 19$，$m_2 = 17$，$m_3 = 12$，且两两互质。

最小公倍数

$$M = 19 \times 17 \times 12 = 3876$$

衍数

$$M_1 = \frac{M}{19} = 17 \times 12 = 204$$

求乘率 M'_1，即解同余式 $204 M'_1 \equiv 1 \pmod{19}$，因为204除以19，其余数是14。

$$204 M'_1 \equiv 14 M'_1 \equiv 1 \pmod{19}$$

我们用更相减损法来具体地写出 M'_1 的求算过程，从而了解我国古代"大衍求一术"的文化基础和数学思想，并体会这一算法蕴涵的道理。

总体思路是：从"1"出发，逆向推演：

	14	19	
2	2×5	1×14	1
	4	5	
		1×4	1
		1	

$$1 = 5 - 4 = 5 - (14 - 2 \times 5) = 3 \times 5 - 14 = 3 \times (19 - 14) - 14$$
$$= 3 \times 19 - 4 \times 14 = (-4) \times 14 + 3 \times 19 = 1$$

即 $(-4) \times 14$ 被 19 除余 1,故 $(-4) \times 14 \equiv 1 \pmod{19}$

所以
$$M'_1 \equiv -4 \equiv 15 \pmod{19}$$

为了避免负整数,取 $M'_1 = 15$。

各总
$$1 \times 15 \times 204 = 3060$$

同理求得
$$M_2 = \frac{M}{17} = 19 \times 12 = 228$$

乘率 M'_2 满足 $228 M'_2 \equiv 7 M'_2 \equiv 1 \pmod{17}$,用上面同样的方法求得 $M_2' = 5$,各总

$$14 \times 5 \times 228 = 15960$$

$$M_3 = \frac{M}{12} = 19 \times 17 = 323$$

$$323 M'_3 \equiv 1 \pmod{12},求得 M'_3 = 11$$

各总
$$1 \times 11 \times 323 = 3553$$

所以每箩米数为 $x = 3060 + 15960 + 3553 = 22573$

$$x \equiv 3193 \pmod{3876}$$

根据孙子定理,将结果列表 35-1。

表 35-1 "三偷盗米"解答

除数	余数	最小公倍数	衍数	乘率	各总	答数
19	1		204	15	3060	$x = 3060 + 15960 + 3553$
17	14	$19 \times 17 \times 12 = 3876$	228	5	15960	$= 22573$
12	1		323	11	3553	$\equiv 3193 \pmod{3876}$

由条件

甲盗米 $= 3193 - 1 = 3192 = 3$ 石 1 斗 9 升 2 合

乙盗米＝3193－14＝3179＝3石1斗7升9合

丙盗米＝3193－1＝3192＝3石1斗9升2合

店主共失米＝3×3193－（1+14+1）＝9563＝9石5斗6升3合

在秦九韶时代，如此巨大的数字，用筹算工具，其难度可想而知。

智慧之光　　"大衍求一术"浅说

《孙子算经》中提出的"物不知数"题目引起了后世极大兴趣。几代人通过深入研究，取得了丰硕的成果。把同余式组

$$\begin{cases} x \equiv 2 \pmod{3} \\ x \equiv 3 \pmod{5} \\ x \equiv 2 \pmod{7} \end{cases}$$

转化为解3个互相独立的同余式

$$5 \times 7 \times M_1' \equiv 1 \pmod{3}$$
$$3 \times 7 \times M_2' \equiv 1 \pmod{5}$$
$$3 \times 5 \times M_3' \equiv 1 \pmod{7}$$

理解这一步并不难，怎样找出形如

$$ax \equiv 1 \pmod{b}$$

的一般解法却非常困难。秦九韶对此做了深入的研究，在《数书九章》里专题论述了他的研究成果，找出了 $M_i' M_i$ 的方法。因为右边的余数是1，故称此法为"大衍求一术"简称"求一术"。由于秦氏著作深奥难懂，加上诸多社会因素，致使这部经典数学著作长期在我国失传。清代学者在《永乐大典》中抄出《数书九章》的原文以后群相研究，对"大衍求一术"用工尤勤。1803年张敦仁出版《求一算术》，1874年黄宗宪出版《求一术通解》，指出此术仅见于秦九韶《数书九章》中，五百年来无有知其说者，经过张敦仁、李锐、黄宗宪等人的深入研究，终于彻底解决了一次同余式的求解问题。

根据前辈思想方法，结合当代学者的一些研究成果，我们从"更相减损"运算过程中的各量关系入手，找出求 M_i' 的方法，同时为解二元一次不定方程奠定基础。

首先分析更相减损术中各量之间的关系。

设 a，b 为正整数，为简单起见，假定 $(a, b)=1$。在更相减损过程中，逐次求得的商为

$$q_1, q_2, \cdots, q_{n-1}, q_n$$

余数为

$$r_1, r_2, \cdots, r_{n-1}, r_n$$

则有

$$a=q_1 b+r_1, \quad 0<r_1<b$$
$$b=q_2 r_1+r_2, \quad 0<r_2<r_1$$
$$r_1=q_3 r_2+r_3, \quad 0<r_3<r_2$$
$$\cdots$$
$$r_{n-3}=q_{n-1} r_{n-2}+r_{n-1},$$
$$r_{n-2}=q_n r_{n-1}+r_n,$$
$$r_{n-1}=1, \quad r_n=1$$

现在讨论如何用 a，b 的代数式来表示 r_1，r_2，r_3，$\cdots$，r_{n-1}，r_n。

由上式可得

$$r_1=a-q_1 b=B_1 a-A_1 b$$

其中，

$$B_1=1, \quad A_1=q_1$$
$$r_2=b-q_2 r_1=b-q_2(B_1 a-A_1 b)=(1+A_1 q_2)b-B_1 q_2 a=A_2 b-B_2 a$$
$$A_2=1+A_1 q_2, \quad B_2=B_1 q_2$$
$$r_3=r_1-q_3 r_2=(B_1 a-A_1 b)-q_3(A_2 b-B_2 a)$$
$$=(B_1+B_2 q_3)a-(A_1+A_2 q_3)b=B_3 a-A_3 b$$
$$B_3=B_1+B_2 q_3, \quad A_3=A_1+A_2 q_3$$

依此类推

$$r_{2k-1}=B_{2k-1} a-A_{2k-1} b, \quad r_{2k}=A_{2k} b-B_{2k} a$$

我们约定 $B_0=0$，$A_0=1$，则有

$$B_k=B_{k-2}+B_{k-1} q_k, \quad A_k=A_{k-2}+A_{k-1} q_k, \quad k=2, 3, \cdots, n$$

根据 $(a, b)=1$ 的条件，用更相减损法最后出现的等数一定是 $r_{n-1}=r_n=1$，

这样总可以得到

$$B_n a - A_n b = 1 \quad (35\text{-}1)$$

或者

$$A_n b - B_n a = 1 \quad (35\text{-}2)$$

求一的问题就彻底解决了。

事实上，由（35-1）式

$$B_n a = A_n b + 1, \text{即 } B_n a \equiv 1 \pmod{b} \quad (35\text{-}3)$$

这时，同余式 $ax \equiv 1 \pmod{b}$ 的解就是

$$x \equiv B_n \pmod{b}$$

同样，由（35-2）式

$$A_n b = B_n a + 1, \text{即 } A_n b \equiv 1 \pmod{a}$$

同余式 $bx \equiv 1 \pmod{a}$ 的解就是

$$x \equiv A_n \pmod{a}$$

现在把上面的演算过程用列表的形式表示出来，这样，有利于理解秦九韶"大衍求一术"的基本格式。

更相减损过程中各量之间的关系如表 35-2 所示。

上面的推导过程虽然复杂，只要掌握规律，实际计算还是比较简单的。秦九韶、张敦仁、黄宗宪等人总结的计算公式都依据这个原理。表 35-2 可以帮助我们从总体上认识更相减损过程中各数量之间的关系。

例1 解同余式：

$$337x \equiv 1 \pmod{256} \quad (35\text{-}4)$$

$$256x \equiv 1 \pmod{337} \quad (35\text{-}5)$$

解 用更相减损法，列出表 35-3。

从表 35-3 得到 $104b - 79a = 1$，即 $104 \times 256 - 79 \times 337 = 1$。

$$104 \times 256 \equiv 1 \pmod{337}$$

表35.2 更相减损过程中各量关系

编号	数据	9	7	5	3	1	2	4	6	8	10
0		$B_奇 a - A_奇 b = r_奇$	$B_奇$	$A_奇$	$q_奇$	a ($r_奇$)	b ($r_偶$)	$q_偶$	$A_偶$	$B_偶$	$A_偶 b - B_偶 a = r_偶$
1		$a - bq_1 = r_1$	$B_1 = 1$	$A_1 = q_1$	q_1	$\dfrac{a - bq_1}{r_1}$			$A_0 = 1$	$B_0 = 0$	$b - 0 \cdot a = b, (r_0)$
2							$\dfrac{b - r_1 \cdot q_2}{r_2}$	q_2	$\dfrac{A_0 + A_1 \cdot q_2}{A_2}$	$\dfrac{B_0 + B_1 \cdot q_2}{B_2}$	$A_2 b - B_2 a = r_2$
$\vdots$		$\vdots$	$\vdots$	$\vdots$	$\vdots$	$\vdots$	$\vdots$		$\vdots$	$\vdots$	$\vdots$
$2n-1$		$\dfrac{A_{2n-1} a - B_{2n-1} b = r_{2n-1}}{}$	$\dfrac{B_{2n-3} + B_{2n-2} \cdot q_{2n-1}}{B_{2n-1}}$	$\dfrac{A_{2n-3} + A_{2n-2} \cdot q_{2n-1}}{A_{2n-1}}$	q_{2n-1}	$\dfrac{r_{2n-3} - r_{2n-2} \cdot q_{2n-1}}{r_{2n-1}}$					
$2n$							$\dfrac{r_{2n-2} - r_{2n-1} \cdot q_{2n}}{r_{2n}}$	q_{2n}	$\dfrac{A_{2n-2} + A_{2n-1} \cdot q_{2n}}{A_{2n}}$	$\dfrac{B_{2n-2} + B_{2n-1} \cdot q_{2n}}{B_{2n}}$	$A_{2n} b - B_{2n} a = r_{2n}$

备注：
1. 理解初始数据 A_0, B_0, A_1, B_1 的意义；
2. 记住基本递推关系：$r_{k-2} - r_{k-1} \cdot q_k = r_k$；$A_{k-2} + A_{k-1} \cdot q_k = A_k$；$B_{k-2} + B_{k-1} \cdot q_k = B_k$；
3. "大衍求一术"终止于 $r_{2n-1} = r_{2n} = 1$。

表 35-3 例 1 解答

编号	9	7	5	3	1	2	4	6	8	10
数据	$B_奇 a - A_奇 b = r_奇$	$B_奇$	$A_奇$	$q_奇$	$a=337$ ($r_奇$)	$b=256$ ($r_偶$)	$q_偶$	$A_偶$	$B_偶$	$A_偶 b - B_偶 a = r_偶$
0								$A_0=1$	$B_0=0$	
1		$B_1=1$	$A_1=q_1=1$	1	$\dfrac{337\ -256\times 1}{81}$	256				
2		$\dfrac{1\ +3\times 6}{19}$	$\dfrac{1\ +4\times 6}{25}$	6	$\dfrac{81\ -13\times 6}{3}$	$\dfrac{256\ -81\times 3}{13}$	3	$\dfrac{1\ +1\times 3}{4}$	$\dfrac{0\ +1\times 3}{3}$	
3				2	$\dfrac{3\ -1\times 2}{1}$	$\dfrac{13\ -3\times 4}{1}$	4	$\dfrac{4\ +25\times 4}{104}$	$\dfrac{3\ +19\times 4}{79}$	
4		$\dfrac{19\ +79\times 2}{177}$	$\dfrac{25\ +104\times 2}{233}$							$104b-79a=1$
5	$177a-233b=1$									

$$177a - 233b = 1, \quad 177 \times 337 - 233 \times 256 = 1$$
$$177 \times 337 \equiv 1 \pmod{256}$$

所以同余式（35-4） $337x \equiv 1 \pmod{256}$ 的解是
$$x \equiv 177 \pmod{256}$$

同余式（35-5） $256x \equiv 1 \pmod{337}$ 的解是
$$x \equiv 104 \pmod{337}$$

如果解一个同余式，表 35-3 中各项不必全部列出，不需要的可以省略。例如只解例 1 中（35-4）式，表中 A 列就可以省去。

事实上，秦九韶首创的"大衍求一术"解题格式十分简便。他把表中数据重新组合，构成一个 4 元方阵，按一定的程序演算，非常方便，其原理依据上表。这一算法，数学家吴文俊非常赞赏，认为它体现了中国古代数学的构造性与机械化两大特色，很符合现代计算机的时代要求。

解同余式：
$$ax \equiv 1 \pmod{b}$$
其中，a，b 为正整数，$a < b$，$(a, b) = 1$。

秦九韶"大衍求一术"的格式和程序如下：

$$\begin{array}{|cc|}\hline 1 & a \\ & b \\\hline\end{array} \xrightarrow{b/a = q_1 \text{ 余 } r_1} \begin{array}{|cc|}\hline 1 & a \\ & r_1 \\\hline\end{array} \xrightarrow{q_1 \ A_1 = q_1} \begin{array}{|cc|}\hline 1 & a \\ A_1 & r_1 \\\hline\end{array} \xrightarrow{a/r_1 = q_2 \text{ 余 } r_2}$$

$$\begin{array}{|cc|}\hline 1 & r_2 \\ A_1 & r_1 \\\hline\end{array} \xrightarrow[A_2 = A_1 q_2 + 1]{q_2} \begin{array}{|cc|}\hline A_2 & r_3 \\ A_1 & r_1 \\\hline\end{array} \xrightarrow{r_1/r_2 = q_3 \text{ 余 } r_3} \begin{array}{|cc|}\hline A_2 & r_2 \\ A_1 & r_1 \\\hline\end{array} q_3$$

$$\xrightarrow{A_3 = A_2 q_3 + A_1} \cdots \begin{array}{|cc|}\hline A_{m-2} & 1 \\ A_{m-1} & r_{m-1} \\\hline\end{array} \xrightarrow[A_m = A_{m-1} q_m + A_{m-2}]{q_m} \begin{array}{|cc|}\hline A_m & 1 \\ A_{m-1} & r_{m-1} \\\hline\end{array} \text{止}$$

这样
$$x \equiv A_m \pmod{b}$$

现在用秦九韶的方法给出例 1，例 2 的第 2 种解法。

例 2 $\qquad 337x \equiv 1 \pmod{256} \qquad (35-6)$

因为秦氏方法要求 $ax \equiv 1 \pmod{b}$ 中 $a < b$，所以先将原式变形为
$$337x \equiv 81x \equiv 1 \pmod{256}$$

按上述程序计算

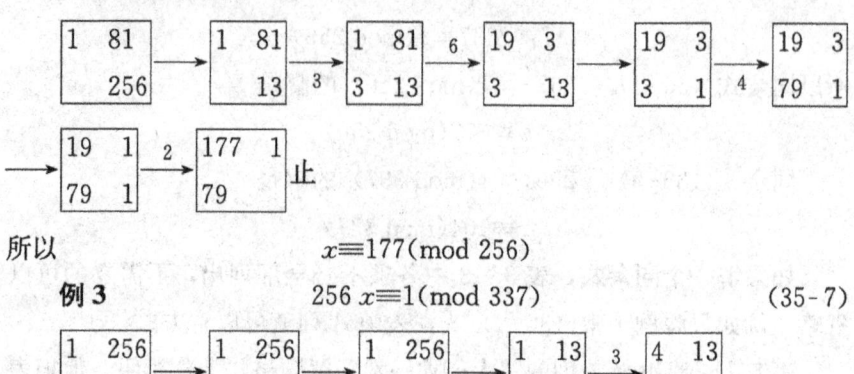

所以　　　　　　　　$x \equiv 177 \pmod{256}$

例3　　　　　　$256 x \equiv 1 \pmod{337}$　　　　　　(35-7)

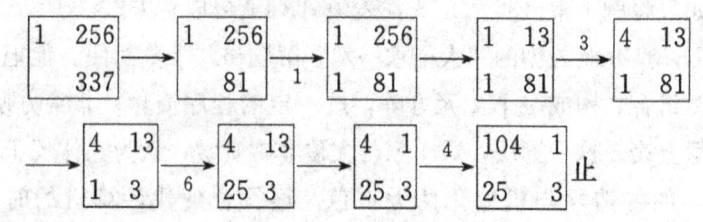

所以　　　　　　　　$x \equiv 104 \pmod{337}$

从这几个例题可以看出秦九韶的方法非常简便。"大衍求一术"是我国数学史上一项伟大的成就，经历了几代人上千年的深入研究，积累了丰富的资料，取得了多方面的成果。这里仅介绍一点入门知识，但愿有一些启迪作用。

读读练练　　　　　**练　习　题**

1. 解同余式

$$5x \equiv 1 \pmod{23}$$

选自张敦仁《求一算术》

答案：$x = 14$

2. 解同余式

$$35x \equiv 1 \pmod 3$$

并说明为什么"三人同行七十稀"。

3. 用秦九韶"大衍求一术"求"三偷盗米"题中的 M'_1，M'_2，M'_3。

36 太平莲灯

天下太平莲灯盏　元宵庆贺满街行
街前街后看不厌　或高或低数不清
初以三数恰算尽　次将五数四盏剩
盏如七数只剩六　满目红光闹盈盈

选自《数学历史名题赏析》

据说这是小说《镜花缘》里的一道古题，原题利用"孙子定理"在后八句中给出了解答：

三数算尽不必下　　五数一剩二十一

剩四当下八十四　　七数一剩一十五

剩六当下九十零　　三并共下百七四

减满法去一百五　　余得莲灯六十九

读者可以用前面的方法，很容易算得诗中所说的结果。

上海俞润汝先生阅读本书第一版后，来信讲他童年时就想给《韩信点兵》提一个简便的解法，终于在80年代总结成文。现以本题为例，介绍俞先生的解法。

本题就是解同余式组

$$x \equiv 0(\bmod 3) \equiv 4(\bmod 5) \equiv 6(\bmod 7) \qquad (36\text{-}1)$$

为了简化计算，他把"异除异余"厘正为"异除同余"，把（36-1）式变形为

$$x \equiv 3(\bmod 3) \equiv 3+1(\bmod 5) \equiv 3+3(\bmod 7) \qquad (36\text{-}2)$$

用俞的解题格式（表36-1），其原理、方法一目了然。

表 36-1

除数	余数	实余（等余＋余差）	配加值
3	0	3	
5	4	3＋1	1×3×7＝21
7	6	3＋3	3×3×5＝45

$$3+21+45=69$$

俞用化异为同，厘正余数的方法，省去了屡减最小公倍数105之繁，直接求得最小的正整数解

$$x = 3 + 1 \times 3 \times 7 + 3 \times 3 \times 5 = 3 + 21 + 45 = 69$$

古法探源　　俞润汝解《韩信点兵》

上海俞润汝先生从吴鹤龄、谈祥柏先生处得悉本书出版的信息，寄来了他解《韩信点兵》的新法，据他自己说："1946年，余在大

团读小学六年级。宋师家修授以《韩信点兵》原法，余嫌最后须减105（210）不彻底。问师有否直解之法？师笑曰'我不知，尔不满，待尔立新法以解之，可乎？'同学哄堂大笑，用心良善，非讥讽也。

1980年余自天外归里，就业袜厂为医。工余童心渐返，操习演算，其间得《韩信点兵》新法。"

俞润汝认为："《韩信点兵》的本质是求异除异余的最小公倍数。而异除异余中必存有异除同余，异除同余是不需要计算的，将此抽出便释重负，可一次立成，无须减去105（210）。此法搁置十多年，退休后始投稿（三次），终请谈祥柏教授鉴定推荐而得刊出。"

俞氏方法确很简便且具中国特色，寓理于算，不证自明。现把本书的几个例题重算一下，可以清楚地看出它简便之处。

例1 解同余式组（本书164页例2）

$$x \equiv 2(\mathrm{mod}\ 3) \equiv 3(\mathrm{mod}\ 5) \equiv 4(\mathrm{mod}\ 7)$$

选自斐波那契《算经》（1202）

解 如表36-2所示。

表36-2

除数	实余（等余＋差余）	配加值
3	2	
5	3＝2＋1	1×3×7＝21
7	4＝2＋2	2×3×5＝30

2＋21＋30＝53

这个过程比斐波那契的解法简便多了。

例2 韩信点兵：有记载说韩信统率大军，在册兵员26641人，部队集合时，按1~3，1~5，1~7报数，每次报数的余数依次为1，3，4。现在知道韩军缺员人数不到100人，求韩军实到的兵员和缺员人数。

选自《历史数学名题赏析》

解 本题先解同余式组，求其最小正数解（表36-3）

$$x \equiv 1(\mathrm{mod}\ 3) \equiv 3(\mathrm{mod}\ 5) \equiv 4(\mathrm{mod}\ 7)$$

表 36-3

除数	实余（等余＋余差）	配加值
3	1	
5	3＝1＋2	2×3×7＝42
7	4＝1＋3	3×3×5＝45

$$1+42+45=88$$

这时
$$x=88+105t \quad t\in \mathbf{Z}$$

根据题目要求
$$26641-100 < x \leqslant 26641$$

解得：韩军实到兵员 26548 人，缺员 93 人。

例 3 《三偷盗米》（见本书 167 页）

本题实际就是解同余式组（表 36-4）
$$x\equiv 1(\bmod 19)\equiv 14(\bmod 17)\equiv 1(\bmod 12)$$

表 36-4

除数	实余（等余＋差余）	配加值
19	1	
17	14＝1＋13	13×19×12×5＝14820
12	1	

$$1+14820=14821$$

因为 19×17×12＝3876

所以　　　$x\equiv 14821 \pmod{3876} \equiv 3193 \pmod{3876}$

解答的后面部分请参看 168 页的答案。

注意：1. 本题还是要减 19，17，12 的最小公倍数 3876 的，要完全回避这一过程，还需要变动余数，这里就不讨论了。

2. 本题在配加值中，还是需要求乘率 $M'_2=5$ 的（参看本书 167 页），这是和前面二例的不同之处。

俞氏方法简洁巧妙，避免了一些繁琐的计算，是值得学习和推广的好方法。2005 年科学出版社曾在上海、成都、南京、杭州、合肥等城市举办"数学好玩"的系列讲座。我在杭州、合肥两市讲《物不知数》题时，即

$$x \equiv 2(\bmod 3) \equiv 3(\bmod 5) \equiv 2(\bmod 7)$$

这两市都有一个小学生一口报出答数"23",安徽电视台还在"第一时间"的节目里作了报道,记者问他"为什么是23?"他说:"我也讲不清楚。我想,3和7的最小公倍数是3×7=21,要求一个数,被他们去除余数是2,我就+2得23,被5除正好余3,所以,我看就是23了。"当然,这两个小孩都是碰巧"碰"上的,其实际思路和俞先生是一致的。俞先生的事例说明,小孩子的思想里有许多智慧的火花,点燃的好,会产生一些创新的成果。俞通过深入研究,总结成法,值得推荐。故本书借再版之机,征得俞先生同意,将此方法公之于众。

近读《中国数学史大系》第五卷,知许莼舫先生在20世纪30年代由中华书局出版的《古算法之新研究》第二章求一术中,创新求一术简法三种,第一简法与俞润汝的解法相同。沈康身先生在编写《大系》第五卷时把此法则命名为许莼舫定理。

许氏定理:$x \equiv \sum_{i=1}^{n} M_i F_i r_i (\bmod M)$ 中如 r_1 为 $\min r_i (i=1,2,\cdots,n)$

那么 $\quad x \equiv r_1 + \sum_{i=1}^{n} M_i F_i (r_i - r_1) (\bmod M)$

这个定理,就是俞氏方法的一般形式,证明也不困难,请读者自行演练。

俞在这个定理的基础上,还有所发展,就是说,定理中的 r_1,不一定是最小的余数,他主张对余数可以进行配加,达到简化计算的目的。

例4 解同余式组

$$x \equiv 1(\bmod 3) \equiv 4(\bmod 5) \equiv 6(\bmod 7)$$

解法1 用原来的方法(表36-5)

表36-5

除数	余数	同余+差余	配加值
3	1	1	
5	4	1+3	3×3×7=63
7	6	1+5	5×3×5=75

$$1+63+75-(105)=34$$

解法 2　不选最小的余数 r_1 为同余的基数，另定一数进行配加（表36-6）

表 36-6

除数	余数	同余＋差余	配加值
3	1	4	
5	4	4	
7	6	4＋2	$2\times 3\times 5=30$

$$4+30=34$$

俞先生是通过《好玩的数学》为媒介，由北京理工大学吴鹤龄教授（《幻方与素数》作者）介绍与笔者相识的。俞老童年热爱数学，1956年考入中国医科大学，参加过抗美援朝，从医之余，一直以"玩数学"自娱，成果累累，这里所载仅是他解《韩信点兵》之一得，在数学研究上还有许多首创。

读读练练　　练 习 题

1. 解同余式组

$$x\equiv 2(\bmod 3)\equiv 0(\bmod 5)\equiv 6(\bmod 7)$$

2. 请用另一种方法解"三偷盗米"题。

37 百鸡问题

今有鸡翁一，直钱五，鸡母一，直钱三，鸡雏三，直钱一。凡百钱，买百鸡只，问鸡、翁、母、雏各几何？

答曰：鸡翁四，直钱二十；鸡母十八，直钱五十四；鸡雏七十八，直钱二十六。

又答：鸡翁八，直钱四十；鸡母十一，直钱三十三；鸡雏八十一，直钱二十七。

又答：鸡翁十二，直钱六十；鸡母四，直钱十二；鸡雏八十四，直钱二十八。

术曰：鸡翁每增四，鸡母每减七，鸡雏每益三。即得。

选自《张丘建算经》

本题是说，一只大公鸡值 5 个钱，一只母鸡值 3 个钱，每 3 只小鸡值 1 个钱，现有 100 个钱买 100 只鸡，问大公鸡、母鸡、小鸡各应买几只？

题给的"术曰"，令人费解。很难从中想出解题的路子。同学们可以按照常规思路，设未知数，列出方程组，向前摸索，将探得的结果尽量用"术曰"的方法来解释。

解 设大公鸡 x 只，母鸡 y 只，小鸡 z 只，依题意有

$$\begin{cases} 5x+3y+\dfrac{z}{3}=100 & (37\text{-}1) \\ x+y+z=100 & (37\text{-}2) \end{cases}$$

消去 z 得

$$7x+4y=100$$

$$7x = 4(25 - y) \qquad (37\text{-}3)$$

(37-3)式表明，公鸡数 x 应是 4 的倍数，令 $x=4t$，t 为整数，则

$$y = 25 - 7t, \quad z = 75 + 3t \qquad (37\text{-}4)$$

当 $t=1$、2、3 时，其解为

$$x: \quad 4 \quad 8 \quad 12$$
$$y: \quad 18 \quad 11 \quad 4$$
$$z: \quad 78 \quad 81 \quad 84$$

事实上，列出方程（37-1）、（37-2）、（37-3）是很容易的，初一、初二的学生都做得出来，关键在于分析。"浅尝辄止"是做不出什么难题的。（37-4）式的引出揭示了"术曰"关键，t 增 1，则 x（翁）增 4，y（母）减 7，z（雏）益 3。从 x 必须是 4 的倍数出发，其解答就不难得到了。程大位曾经说过："难者，难也。然似难而实非难也。……其难题唯在乎立法，立法既明，则迎刃而破，又何难之有哉。"

若认定为非负解，则 (0, 25, 75) 亦可视为一组解。

比利时鲁文大学教授李倍始在他的《十三世纪的中国数学》中写道："张丘建求得了正确的解，但是，惊人的事实说明了他深知这些解之间的关系。可惜的是，我们不知道他推求的第一组解的方法，直到时曰醇（1861 年）的时代，没有注释者了解张氏的法则。"

名人轶事　　时曰醇勤奋治学

百鸡问题是我国历史上的一个名题。几百年来，众多学者围绕这个题开展研究。这原本是一个二元一次不定方程，除了用《九章算术》的方程术外，学者们还把它化为等价的同余式问题，用"大衍求一术"来解，取得了斐然的成绩。特别是清代学者时曰醇对本题有深入研究，著《百鸡术衍》（1861 年），分上、下卷，共 28 题，都是不定方程问题，分别用方程术和求一术两种方法求解（图 37-1）。据华世芳《近代畴人著述记》（1884 年）记载，时曰醇"晚年目已双瞽，犹能手按珠盘，口授其子，著《百鸡术衍》二卷，以张丘建百鸡一题，衍为大、中、小三色……每题立两法，一驭以方程，一驭以求一。"百年难题，做如此深入研究，

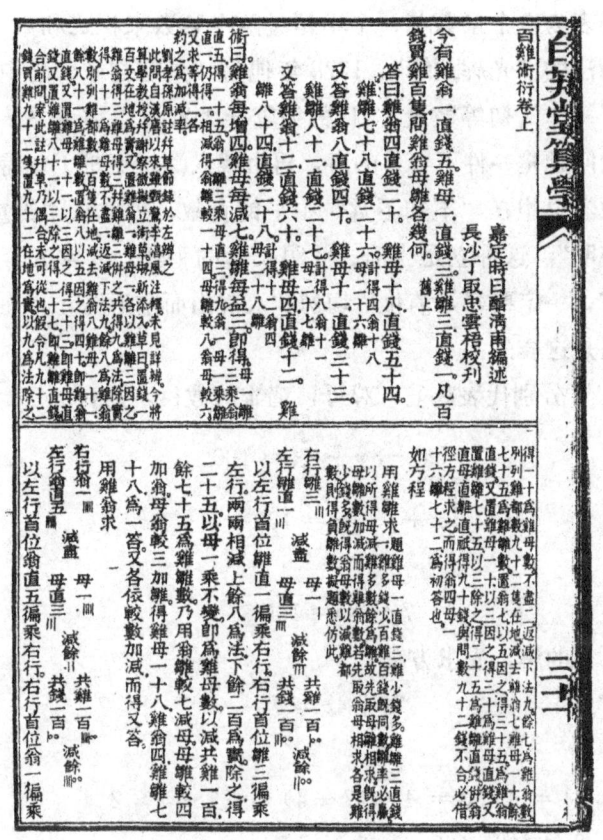

图 37-1

已属不易，而这种勤奋刻苦的治学精神，更是难能可贵。

像时日醇这样的情况历史上不乏其人，大数学家欧拉也有类似经历。1771年，他在彼得堡的住处遭大火袭击，资料被焚，双目失明，而他完全凭着坚强的意志和惊人的毅力，回忆所做过的研究，亲自口授，其长子记录，累计发表论文400多篇及专著多部，几乎占他全部著作的一半以上。

智慧之光 陈景润解"百鸡问题"

陈景润是我国著名数学家，他在数论的重要经典问题——哥德巴赫猜想的研究上取得了举世瞩目的成果。他证明了"陈氏（1+2）定理"，即《大偶数可表为一个素数与一个不超过两个素数乘积之和》，被世界上公认为是筛法的"光辉顶峰"。1978年他为"具有初中、高中程度的同志们"写了一本《初等数论》，目的为辅导大家读点数论书。浅显易懂地讲述数论问题是一件不容易的事，再由浅入深就更难了，特别是把一些重要的数学思想在"不知不觉"中平铺直叙，把你从"山重水复"引向"柳暗花明"。这种立足当前、放眼长远的手法，非常人容易做到的。读他的书，一定要好好消化，切勿"入宝山而空返"。

陈的解法是这样的：

设 x, y, z 分别代表鸡翁，鸡母，鸡雏的数目，则有

$$\begin{cases} 5x+3y+\dfrac{z}{3}=100 & (37\text{-}5) \\ x+y+z=100 & (37\text{-}6) \end{cases}$$

消去 z 得

$$7x+4y=100 \qquad (37\text{-}7)$$

为了求这个方程的解，先求方程

$$7s+4t=1 \qquad (37\text{-}8)$$

的解。

因为 $\quad 1=4-3=4-(7-4)=-7+4\times 2$

即 $s=-1, t=2$ 是方程（37-8）的一组解。

注意：这样一个特殊的转换却蕴含了一个极为重要的"求一"思想，请读者把它和更相减损法和"物不知数"题联系起来，深入地思考一下。

令 $x=100s, y=100t$，则

$$7x+4y=100(7s+4t)=100$$

故 $x=-100, y=200$ 是方程（37-7）的一个整数解。我们可以证明，方程（37-7）的一切解都可以表示为

$$x=-100-4t, y=200+7t, \quad t=0, \pm 1, \pm 2, \cdots \quad (37\text{-}9)$$

由于 x, y 代表鸡翁、鸡母的个数，所以，$x \geq 0, y \geq 0$，代入（37-9）式，解得

$$-\dfrac{200}{7} \leq t \leq -25$$

因为 t 是整数，故 $t=-28, -27, -26, -25$ 和 $z=3t$。这样就得到下面的四组解：

$$\begin{cases} x_1 = 12 \\ y_1 = 4 \\ z_1 = 84 \end{cases} \begin{cases} x_2 = 8 \\ y_2 = 11 \\ z_2 = 81 \end{cases} \begin{cases} x_3 = 4 \\ y_3 = 18 \\ z_3 = 78 \end{cases} \begin{cases} x_4 = 0 \\ y_4 = 25 \\ z_4 = 75 \end{cases}$$

陈景润从"1"突破，体现"求一"思想，也是我国古代数学家处理这类问题的基本思想，后面我们将进行具体的说明。

读读练练　　　练　习　题

1. 百钱买百鸡，四钱一母鸡，一钱四雏鸡，多少母、雏鸡？

答曰：母鸡 20，雏鸡 80。

2. 某人以 100 个金币买 100 头牲口，其中 1 马值 3 金币，1 牛值 1 金币，1 金币买 24 只羊，问他买马、牛、羊各多少？

答案：马、牛、羊分别为 23 匹、29 头、48 只。（英国）

3. 今有鸭 1 只值 4 钱，雀 5 只值 1 钱，鸡 1 只值 1 钱，百钱买百鸟，问鸭、雀、鸡各买多少？

答案：(4, 15, 81)，(8, 30, 62)，(12, 45, 43)，(16, 60, 24)，(20, 75, 5)（阿拉伯）

从 2、3 两个题目中可以看出"百鸡问题"的世界影响。

38 獐兔鼠歌

獐十八　兔三斤　老鼠四两不为轻
九十九个头　合起来一百斤

徽州民间题，俞佳堂提供

注：1斤＝16两

1997年我同俞佳堂外出调查,途中闲聊了这道题,这是他的夫人训练小学生智力的思考题,意味着经过简单的思考就可以报出答案来了。我看难度不小,大家可以试一试。这里,我们从"洋解法"讲到"土解法",请读者自行比较。

解法 1 不定方程法

所谓"不定方程法"就是用"古往今来"中介绍的公式和方法。

设獐 x 只,兔 y 只,鼠 z 只,由条件

$$\begin{cases} x+y+z=99 & (38\text{-}1) \\ 18x+3y+\dfrac{1}{4}z=100 & (38\text{-}2) \end{cases}$$

(38-2) 去分母

$$72x+12y+z=400$$

消去 z 得

$$71x+11y=301 \quad (38\text{-}3)$$

根据二元一次不定方程的解法,先用"更相减损法"求方程(见 P189)

$$71x+11y=1$$

的一组解 (s, t)。

表 38-1

	71	11	
6	66	10	2
	5	1	
4	4		
		1	

由表 38-1 知

$1=5-4=11-10$
$\quad=11-2\times 5$
$\quad=11-2\times(71-6\times 11)$
$\quad=(-2)\times 71+13\times 11$

令 $s=-2, t=13$,有

$$71s+11t=1$$

令 $x_0=301s=-602, y_0=301t=3913$

则 (x_0, y_0) 是方程 (38-3) 的一组解。故 (38-3) 的一切解可表示为

$$x=-602-11t, y=3913+71t, \quad t\in \mathbf{Z}$$

从题目的条件分析,獐的个数应不超过 3,即 $0<x\leqslant 3$

由 $0<-602-11t\leqslant 3$,解得 $t=-55$

所以 $x=-602-11\times(-55)=3, y=3913+71\times(-55)=8$

答案是獐3只，兔8只，鼠88只。

这个题就是给大学生做，也不算容易题。

解法2 中学生可以接受的不定方程解法。

在上法的基础上，得到（38-3）式后，沿"更相减损"的思路，反复简化

$$y = 27 - 6x + \frac{4-5x}{11} \tag{38-4}$$

令 $u = \dfrac{4-5x}{11}$，则 $11u + 5x = 4$

$$x = -2u + \frac{4-u}{5} \tag{38-5}$$

令 $v = \dfrac{4-u}{5}$，则 $5v + u = 4$

$$u = 4 - 5v \tag{38-6}$$

代入（38-5）得

$$x = 11v - 8 \tag{38-7}$$

（38-7）代入（38-4）得

$$y = 79 - 71v \tag{38-8}$$

（38-7）、（38-8）代入（38-2）得

$$z = 60v + 28 \tag{38-9}$$

（38-7）、（38-8）、（38-9）是原不定方程的通解，其中 $v \in \mathbf{Z}$。

因为 $0 < x \leqslant 3$，代入（38-7） 求得 $v = 1$

所以 $x = 3, y = 8, z = 88$

解法3 算术解法。

民间给小学生做的题何须费如此大力，动脑筋想一想就可以报出答案来了，这就是分析问题、解决问题的能力。分析这样的问题首先要思维定向，不要胡思乱想。根据题目的实际，我们定为"獐为主，兔定边，老鼠量轻可补添"的原则来分析。

獐为5，不可能；

獐为4，也不可能（想一想，为什么？）；

獐为3，3×18＝54斤，余46斤，因为鼠100只才25斤，所以兔的斤两必须超过21斤（7只）；

若兔为 8，$3\times 8=24$ 斤，余 22 斤鼠 88 只。（答案）

其他情况不可能。

轻而易举地解决了民间难题，只要认真思考，"鸡刀也可宰牛"。这说明中算古题还是很富有教育意义的。

古往今来　更相减损法和二元一次不定方程

将百鸡问题数学化，得到形如

$$ax+by=c \qquad (38\text{-}10)$$

的二元一次不定方程，$a, b, c \in \mathbf{Z}$，且 $ab \neq 0$。

现在我们来研究求方程（38-10）的整数解问题。

先讨论当 $c=0$ 时，

$$ax+by=0 \qquad (38\text{-}11)$$

$$x=-\frac{b}{a}y \qquad (38\text{-}12)$$

当且仅当 y 能被 a 整除时，方程（38-10）才有整数解。

令 $y=at$，$t \in \mathbf{Z}$，代入（38-12）得 $x=-bt$，于是（38-11）式的一切整数解可表示为

$$\begin{cases} x=-bt \\ y=at \end{cases} t \in \mathbf{Z}$$

这样，方程（38-11）的求解问题就彻底解决了。

当 $c \neq 0$ 时，如果 $c<0$，方程两边同乘以 -1，即可化为正数了。所以我们约定 $c>0$，又因为 x, y 在整数范围内取值，我们只要研究 a, b 都是正数的情况就行了。

即　　$ax+by=c$，　　$a, b, c \in \mathbf{Z}^+$

我们假定 a, b 互质，即 $(a, b)=1$。

事实上，若 a, b 不互质，即 $(a, b)=d>1$，则

$$a=a_1 d, \; b=b_1 d, \quad a, b, d \in \mathbf{Z}, \; (a_1, b_1)=1$$

这时有

$$(a_1 x + b_1 y)d = c \qquad (38\text{-}13)$$

如果 c 能被 d 整除，即 $c=c_1 d$，则（38-13）式为

$$a_1 x + b_1 y = c_1, \quad (a_1, b_1) = 1$$

如果 c 不能被 d 整除，则（38-13）无解。

下面介绍两个常用的定理。

定理 1 如果 a, b 互质，则一定存在 $x, y \in \mathbf{Z}$，使得

$$ax + by = 1 \tag{38-14}$$

就是说，只要 a, b 互质，方程（38-14）在整数范围内一定有解。

这个定理可以用更相减损法加以证明。陈景润的解法就暗示了证明的思路，其本质就是我国数学家数百年来致力研究的"求一"思想和方法。事实上，我们在"大衍求一术"的表35-2中已经证明了这个定理。现在用一个例题来浅显地加以说明。

例 1 求二元一次不定方程的一组解。

$$36x + 83y = 1$$

解 我们用更相减损法把求一变换的过程表示出来（表38-2），请大家注意从中找出规律。

由下而上，依次推演

$1 = 3 - 2 = 3 - (11 - 3 \times 3)$
$= 4 \times 3 - 11$
$= 4 \times (36 - 3 \times 11) - 11$
$= 4 \times 36 - 13 \times 11$
$= 4 \times 36 - 13(83 - 2 \times 36)$
$= 30 \times 36 - 83 \times 13$

表 38-2

		36	83	
3	33	72	2	
		3	11	
1	2	9	3	
		1	2	

所以 $x = 30, y = -13$

定理 2 设 $(a, b) = 1, c \in \mathbf{Z}$，则一定存在整数 x, y，使得 $ax + by = c$ 成立。

证 由定理 1 知，存在 $s, t \in \mathbf{Z}$，使得

$$as + bt = 1$$

成立。

令 $x = sc, y = tc$，则

$$ax + by = c(as + bt) = c$$

故 x, y 是方程（38-10）的解。

定理 3 设二元一次不定方程

$$ax + by = c, \text{ 其中 } a, b, c \in \mathbf{Z}^+, (a, b) = 1 \tag{38-15}$$

有一组整数解 $x=x_0$，$y=y_0$，则（38-15）的一切整数解可以表示成
$$x=x_0-bt,\ y=y_0+at,\qquad t\in \mathbf{Z} \qquad (38\text{-}16)$$

证 因为 x_0，y_0 是（38-15）式的解，即
$$ax_0+by_0=c$$

那么 $\qquad a(x_0-bt)+b(y_0+at)=ax_0+by_0=c$

所以 x_0-bt，y_0+at 是（38-15）式的解。

下面我们证明（38-15）式的任意一组解都可以表示成（38-16）的形式。

设 x'，y' 是（38-15）式的任意一组整数解，则
$$ax'+by'=c$$

又因为 x_0，y_0 是（38-15）式的解，即
$$ax_0+by_0=c$$

两式相减，得
$$a(x'-x_0)+b(y'-y_0)=0$$
$$a(x'-x_0)=-b(y'-y_0) \qquad (38\text{-}17)$$

因为 a，b 互质，故 a 必能整除 $y'-y_0$，即
$$y'-y_0=at,\ y'=y_0+at,\qquad t\in \mathbf{Z} \qquad (38\text{-}18)$$

将（38-18）式代入（38-17）式，得
$$a(x'-x_0)=-b\times at$$

所以 $\qquad x'=x_0-bt,\qquad t\in \mathbf{Z} \qquad (38\text{-}19)$

故（38-15）式的一切解都可以表示成（38-16）的形式。

这样二元一次不定方程就可以用"求一"的方法来解决了。

读读练练　　练 习 题

1. 百人搬百砖，男搬四，女搬三，两个小孩抬块砖，男女小孩多少员？

答曰：男 5，女 13，小孩 82；或者男 10，女 6，小孩 84

选自《数学教学优因工程》

2. 求 $111x-321y=75$ 的一切整数解。

答案：$x=-8+107t$，$y=-3+37t$，$t\in\mathbf{Z}$

3. 求下列不定方程的整数解：

(1) $7x+15y=0$

(2) $9x-11y=1$

答案：(1) $x=-15t$, $y=7t$, $t\in \mathbf{Z}$

(2) $x=5+11t$, $y=4+9t$, $t\in \mathbf{Z}$

39 三翁垂钓

三老翁甲、乙、丙合伙钓鱼并将所钓的鱼放在一起。钓毕,甲将鱼均分为三堆,多一条扔去,自取一堆;乙来后,误以为鱼未分,将所剩的鱼放在一起,均分三堆,多一条扔去,自取一堆;丙来后亦同乙一样,将两堆鱼和在一起,均分成三堆,多一条扔去,自取一堆,问鱼的总数是多少?

选自项锡华《数学花絮》

中国古算解趣

黄山市电业局高级工程师项锡华学生时代就爱好数学,将几十年来搜集的趣题编成《数学花絮》,赠作者一册。该题编入此书。

解法1 设鱼的总数为 x 条,

甲取 $\frac{1}{3}(x-1)$ 条,余

$$y_1 = \frac{2}{3}(x-1) \tag{39-1}$$

乙取 $\frac{1}{3}(y_1-1)$ 条,余

$$y_2 = \left(1-\frac{1}{3}\right)(y_1-1) = \frac{2}{3}\left[\frac{2}{3}(x-1)-1\right] = \frac{4}{9}x - \frac{2}{3}\left(1+\frac{2}{3}\right) \tag{39-2}$$

丙取 $\frac{1}{3}(y_2-1)$ 条,余

$$y_3 = \left(1-\frac{1}{3}\right)(y_2-1) = \frac{8}{27}x - \frac{2}{3}\left(1+\frac{2}{3}+\frac{4}{9}\right) = \frac{8}{27}x - \frac{38}{27} \tag{39-3}$$

(39-3) 式去分母

$$27y_3 = 8x - 38 \tag{39-4}$$

(39-4) 式是一个二元一次不定方程。

$$x = 3y_3 + 4 + \frac{3y_3+6}{8} \tag{39-5}$$

令 $t = \frac{3y_3+6}{8}$,即 $3y_3+6=8t$

$$y_3 = 2t - 2 + \frac{2t}{3} \tag{39-6}$$

再令 $t=3k$,k 取整数,代入 (39-6) 式有

$$y_3 = 6k + 2k - 2 = 8k - 2, k \in \mathbf{Z} \tag{39-7}$$

代入 (39-5)

$$x = 3(8k-2) + 4 + 3k = 27k - 2 \tag{39-8}$$

所以 $\begin{cases} x = 27k-2 \\ y_3 = 8k-2 \end{cases}$ $k \in \mathbf{Z}$

是不定方程 (39-4) 整数解的一般表达式。

当 $k=1$ 时,$x=25$ 是三翁所钓鱼数的最小值。

解法 2 本题和"26 李白沽酒"类似，在 (39-1) 式中用待定系数法化为等比数列（参看 117 页）

因为
$$y_1 = \frac{2}{3}(x-1) \tag{39-1}$$

即
$$y_1 + 2 = \frac{2}{3}(x+2)$$

同理
$$y_2 + 2 = \frac{2}{3}(y_1 + 2) = \left(\frac{2}{3}\right)^2 (x+2)$$

$$y_3 + 2 = \frac{2}{3}(y_2 + 2) = \left(\frac{2}{3}\right)^3 (x+2)$$

因为 $y_3 + 2 \in \mathbf{N}$，所以

$$x + 2 = 3^3 k = 27, \quad k \in \mathbf{N}$$

下略

| 名人轶事 | 　　　　**五 猴 分 桃** |

著名物理学家、诺贝尔奖金获得者李政道教授视察中国科学技术大学少年班时，曾出过一个猴子分桃问题来考这些小同学。题目是这样的：

五只猴子分一堆桃子，怎么也分不平，最后决定明天再分。当晚，第一只猴起来，偷偷地数了一下，抛去一个桃子，再平均分成五堆，拿走一堆藏好，将其余四堆仍然混在一起；第二只、第三只、第四只、第五只猴子均如法炮制。至次日天明，剩下的桃子刚好能平分为 5 堆，问桃子的总数是多少？

对于数量关系复杂的题目，我们可以用"笨"办法。一步一步地"摸着石头过河"。

解 设第五只猴子偷去 x 个桃子，那么

第五只猴子取桃前夕的桃子数是
$$5x + 1$$

第四只猴子取桃前夕的桃子数是
$$\frac{5}{4}(5x+1) + 1$$

第三只猴子取桃前夕的桃子数是

$$\frac{5}{4}\left[\frac{5}{4}(5x+1)+1\right]+1$$

……

第一只猴子取桃前桃子的总数设为 y，则

$$y=\frac{5}{4}\left\{\frac{5}{4}\left\{\frac{5}{4}\left[\frac{5}{4}(5x+1)+1\right]+1\right\}+1\right\}+1$$

$$=12x+8+\frac{53(x+1)}{256} \qquad (39\text{-}9)$$

令 $\dfrac{x+1}{256}=k$，则 $x=256k-1$ (39-10)

代入（39-9）得

$$y=12(256k-1)+8+53k=3125k-4 \qquad (39\text{-}11)$$

所以 $\begin{cases} x=256k-1 \\ y=3125k-4 \end{cases}$ $k=1, 2, 3, \cdots$ (39-12)

是方程（39-9）的通解。

显然，$k=1$ 时，$y=3121$ 是最小解。

李政道先生的题目确实不容易做，读者还可以研究一下其他的解法。

本书主编张景中院士在前言中细说了本题的背景，并且用外加 4 个桃子的办法又一次"鸡刀宰牛"了。因为每个猴子都能把桃子分成 5 堆（包括后来的猴子从余下的 4 份中再分成 5 堆），说明桃子数至少为 5^5-4。

名人轶事   马克思解不定方程

马克思在研究无产阶级革命学说的同时，很重视数学科学的学习与研究。他写了一本《数学手稿》，是用辩证唯物主义思想研究数学的范本。书中有这样一道题，大家可以试一试。

例 有 30 个人，其中有男人、女人和小孩，在一家小饭馆里花了 50 先令，每个男人花 3 先令，每个女人花 2 先令，每个小孩花 1 先令，问男人、女人和小孩各多少人？

解 设 x, y, z 分别代表男人、女人和小孩的人数，则

$\begin{cases} x+y+z=30 & (39\text{-}13) \\ 3x+2y+z=50 & (39\text{-}14) \end{cases}$

(39-14) － (39-13) 得

$$2x + y = 20$$
$$y = 2(10 - x) \tag{39-15}$$

因为 (39-15) 式简单，可以直接求出方程组的通解。

令 $t = 10 - x$，则

$$x = 10 - t, \quad t \in \mathbf{Z} \tag{39-16}$$
$$y = 2t \tag{39-17}$$
$$z = 30 - x - y = 20 - t \tag{39-18}$$

(39-16)、(39-17)、(39-18) 就是方程组的通解，其中，$t \in \mathbf{Z}$。

由于 $0 < x < 30$，$0 < 10 - t < 30$，$y > 0$ 所以 $0 < t < 10$。

本题共有 9 组解，简化成 (x, y, z) 形式：(9, 2, 19), (8, 4, 18), (7, 6, 17), (6, 8, 16), (5, 10, 15), (4, 12, 14), (3, 14, 13), (2, 16, 12), (1, 18, 11)。

读读练练　　练　习　题

1. 取一分、二分、五分的硬币共十枚，付给一角八分钱，问有几种不同的取法？

答案：(2, 8, 0), (5, 4, 1), (8, 0, 2)

2. 有布 7 丈 5 尺，裁剪成大人和小孩的衣料，大人一件衣服用布 7 尺 2 寸，小孩一件衣服用布 3 尺，问各裁剪多少件衣服恰好把布用尽？

答案：(0, 25), (5, 13), (10, 1)

选自陈景润《初等数论》

40 移子相间

设有黑白棋子各 n 个，一边白一边黑排成一排，如图所示

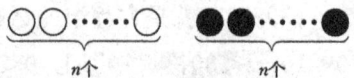

每次移动（向前向后均可）相邻的两个棋子，移动 n 次后，黑白相间（中间不许有空缺）。

中国古代名题

我们先以 $n=3$ 时为例

先排成　　　　　○○○●●●
第一次　　　___○●●●○○
第二次　　　　○●●___●○○
第三次　　　　●○○●○●

这样，经过三次移动，就黑白相间了。
又如，$n=4$ 时

先排成　　　　○○○○●●●●
第一次　　　　○___○○●●●○●
第二次　　　　○●●○___●●○○
第三次　　　　○●●○●●○___○
第四次　　　___●○●○●○●○

对于 $n=5$，$n=6$ 等情况，请读者先行演练，再阅读后面的文章。

古往今来　　历史悠久的移子游戏

1963 年春节，我到歙县中学罗会煌老师家度假，罗老师讲了一个

— 198 —

故事。1943年安徽省歙县中学初办，校长凌集机是徽州一位教育家，他带着教员们玩一种移子相间的游戏，上面介绍的例子就是开始的两种情况。

在校长的带领下，老师们移子成风，有位老师移到 $n=6$，颇为自豪，但校长本人宣布他移到 $n=10$ 了，无人匹敌。罗会煌是数学教师，思维缜密，沉着冷静，是大家公认的解题高手。不久，他宣布他的 n 可以是无穷大，现场测试无不成功。听了这个故事以后，我们一家老小都在移子，进展缓慢，偶尔 5 子移成，再移时忘了程序，又移不起来了，罗的成功是把棋子编号，对已成功的盘式记出号码移动的顺序，再分析各式结构的数字规律，记住要领，就可以移动如飞。我用一种"土办法"比较容易地取得了成功。我的"土"处是对棋子不作任何编号，只是先找一个"突破口"，再占一个"制高点"，记住几个模式，用数学归纳法的原理，一下子就推广到 n 为大于或等于 3 的任何自然数。我的"土法"还表现在不要什么数学基础，不搞数字分析，小学生、文盲、老人都能玩，保持了这个游戏的"通俗""大众"的特色。

我的突破口选择 $n=4$。因为 4 的模式最简单、最基本，用同样的程序就能推广到 $n=8, 12, 16, \cdots, 4k$（k 为自然数）。例如，$n=8$ 时，心里想着 4 子的移动规律，分为内 4 外 4，如图所示

先排成

〇〇〇〇 ┆ 〇〇〇〇●●●● ┆ ●●●●

按 4 的规律，先移外 4，再移内 4。

先外移第 1 次

〇＿＿〇 ┆ 〇〇〇〇●●●● ┆ ●●●●〇〇

先外移到第 2 次

〇●●〇 ┆ ●●●●〇〇〇〇 ┆ ＿＿●〇

这是 4 子移动的关键模式，再把内 4 子也移成这个模式

内移第 3 次

〇●●〇 ┆ 〇＿＿〇●●●● ┆ 〇〇●〇

再内移到第 4 次

〇●●〇 ┆ 〇●●〇＿＿●● ┆ 〇〇●〇

然后，按照相间的要求，由内而外逐次移动

内移第 5 次

○●●○ ┆ ○●●●○●● _ ┆ _ ○●●○○

内移第 6 次

○●●○ ┆ ___●○●○●○ ┆ ●○●●○○

最后，把两个黑子相邻的地方内外移两次就黑白相间了。

对于 $n=4$，8，12，…，规律明显，用类似的方法对 $n=4k$（k 为自然数）都可以移动成功。下面我们证明，对 $n=4k+3$，$4k+4$（已经会移），$4k+5$，$4k+6$ 都可以移成功。根据数学归纳法的原理，对任何自然数 n（$n \geqslant 3$）就都能移成功了。

我的制高点选择 $n=7=4+3$，把 4 和 3 的模式合在一起，外 4 内 3，跟上面一样，先外后内，如图所示

先排成

○○○○ ┆ ○○○●●● ┆ ●●●●

外移第 1 次

○___○ ┆ ○○○●●● ┆ ●●●○○

外移第 2 次

○●●○ ┆ ○○○●●● ┆ ___●●○○

再按 3 子的移动规律，移中间 3 子

第 3 次

○●●○ ┆ ___○●●● ┆ ○○●●○○

第 4 次

○●●○ ┆ ●○○●● _ ┆ _ ○●●○○

第 5 次

○●●○ ┆ ●○___●○ ┆ ●○●●○○

第 6 次

○●●○ ┆ ●○●○●○ ┆ ●○●___○

注意，内 3 已经黑白相间了，外 4 也剩最后一步，再按 4 的模式、外移第 7 次就成功了。

对 $n=9$ 和 $n=10$ 的情况，只要把分成外 4+内 5 和外 4+内 6 两段，按照上面的方法，把 $n=5$ 和 $n=6$ 的移法移植进来就行了。不过这两种情况还是很难的，留作习题，请大家练练。

在我们《好玩的数学》丛书里，我国老一辈数学科普作家谈祥柏先生写了其中的一本《乐在其中的数学》，在 1.23 节（参见原《好玩的数学》丛书。——编者注）介绍了这个"移棋相间"问题，谈老进行了深入细致的分析演绎，指出了移子规律，与罗会煊的方法是基本一致的，和我的土方法不同，大家可以仔细地读一读。可贵的是谈老博学多闻，书中最后一段，使我大开眼界，才第一次知道此法的渊源。

据谈先生所查，现代文学家俞平伯先生的曾祖父俞曲园先生在其名著《春在堂随笔》中有一段说："长洲（今苏州）储稼轩《坚瓠集》有移棋相间之法，……余试之良然，而内子季兰复推广之，至十一子以至二十子。"据查，储人礼字稼轩，清康熙时人，江南著名文人，著有《隋唐演义》、《坚瓠集》、《读史随记》、《退佳琐录》、《续蟹谱》等。在《坚瓠集》里记有"移棋相间"云："幼时，见友人胡砺之将黑白棋子各三枚左右分列，三移则黑白相间。余因问曰：'多亦可移乎？'砺之曰：'自三以至十外，皆可移。多一子则多一移。'余归试之，自三以至于十，果相间不乱。今已三十余年，偶雨窗复试，忘其大半。因绎数四，始得就。"由此可以看出，俞曲园学自储人礼，而储学自胡砺之，时间大约在顺治末期，即1660年左右，距今已近360多年了。此外，谈先生还说到，近代的研究者前交通大学教授、后为西北工业大学一级教授姜长英先生的成就最为突出。原著发表在交大季刊第22期（"民国"二十五年，即1936年12月），正如作者所说，年深月久，也很难查阅了。

这是一个很有意义的题目，作为茶余饭后的智力游戏，可以大人、小孩一起玩。从素质教育的高度看，它能全面培养学生的数学观察力、记忆力、逻辑思维能力和空间想象力，还可以学到分析、综合、归纳、演绎等数学方法。不过，请家长们不要像我那样从 $4k$ 突破，让他们逐一升级，有助于归纳思想的孕育。

读读练练　　　练　习　题

请移动 $n=5, 6, 10, 16$ 等情况。

答案：

$n=5$　　○○○○○●●●●●

好玩的数学 | 中国古算解趣

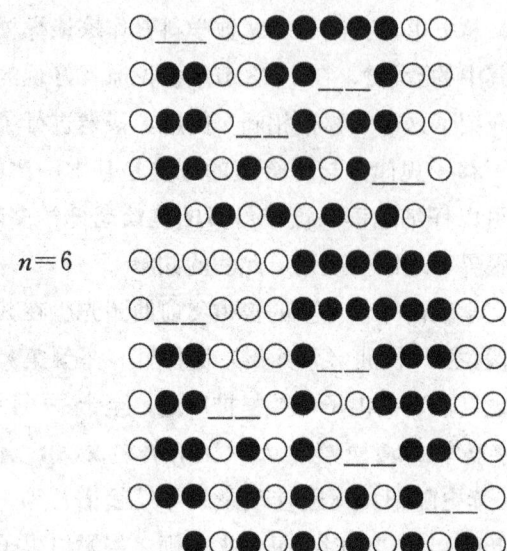

41 戏放风筝

三月清明节气　　蒙童戏放风筝
托量九十五尺绳　　被风刮起空中
量得上下相应　　七十六尺无零
纵横甚法问先生　　算了多少为平
答曰：五十七尺

选自《算法统宗》

这是个简单的勾股定理应用题。风筝绳长是直角三角形的斜边 $c=95$ 尺，风筝的高度（上下相应）$b=76$ 尺。求风筝在地面上的投影到蒙童之间的距离 a 是多少尺（图 41-1）？

解 由勾股定理

$$a^2 = c^2 - b^2$$
$$a = \sqrt{c^2 - b^2}$$
$$= \sqrt{95^2 - 76^2}$$
$$= \sqrt{3249}$$
$$= 57 (尺)$$

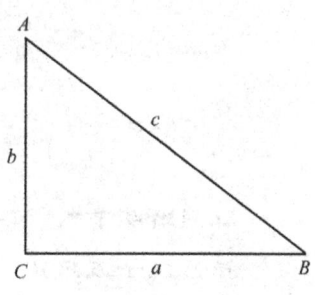

图 41-1

所以风筝在地面上的投影到蒙童之间的距离是 57 尺。

古法探源 刘徽、赵爽证勾股定理

勾股定理是平面几何中一个极为重要的定理。世界上各个文明古国都对勾股定理的发现和研究做出过贡献。就认识过程来说，大体经历了三个阶段：从实践中探知满足勾股定理条件的一些特殊数值；提出 $c^2 = a^2 + b^2$ 的一般关系；证明这个定理。

我国古代对这个定理的发现、应用和研究尤具特色。

《周髀算经》是一部天文著作，其中用到了很多数学知识。全书的开头就讲述了西周开国时期周公姬旦和商高的问答，在研究测量问题时，商高对周公说："故折矩，以为勾广三、股修四、径隅五"。这表明已经知道边长为 3，4，5 的三角形是直角三角形。

《九章算术》是我国最重要的一部数学著作，成书约在公元 50～100 年，其中大部分内容产生于秦朝以前。书中专设"勾股章"，正式提出勾股定理："勾股各自乘，并而开方除，即弦"。

$$弦 = \sqrt{勾^2 + 股^2}$$

魏刘徽在注释勾股章时曾用"以盈补虚，出入相补"的办法作过证明，可惜插图失落，后经清朝李潢复原，作成下图，使刘徽的文字注解与图形相结合，"勾自乘为朱方，股自乘为青方，令出入相补，各从其类"。这样就轻松愉快地证明勾股定理。

赵爽,字君卿,是三国时代吴人,与刘徽是同一时代的数学家,给《周髀》作过注释。在《勾股方圆注》中,用弦图证明勾股定理,对后世的启示很大。他的注解是这样的:"弦图,又可以勾股相乘为朱实[图41-3(1)];二倍之为朱实四,以勾股之差自相乘,为中黄实,加差实一[图41-3(2)];亦成弦实[图41-3(3)]。"

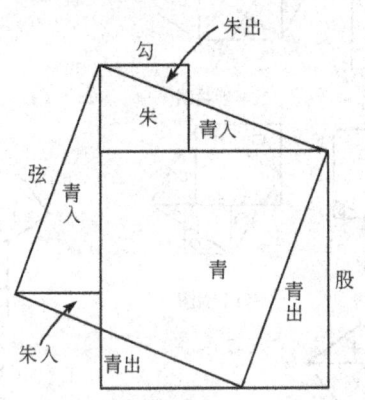

图 41-2

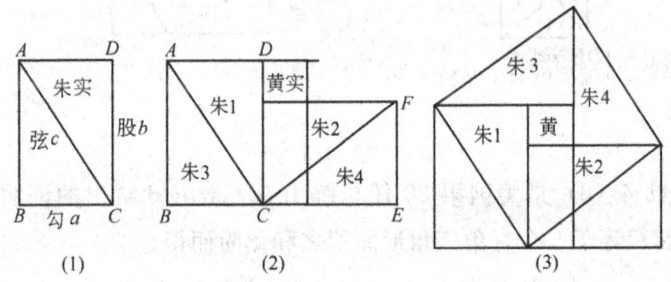

图 41-3

图 41-3 (1) 是:朱实＝勾×股

图 41-3 (2) 是:2×朱实＋黄实＝勾²＋股²

即
$$2\times 勾\times 股+(股-勾)^2=勾^2+股^2$$

图 41-3 (3) 是将朱实 2 倍后分为四块,移动朱 3、朱 4 变成弦实。

所以
$$勾^2+股^2=弦^2$$

简朴的证明,却道出了一条重要原理:

出入相补原理:把一个平面图形从一处移至他处,面积不变;如果把图形分割成几块，那么各部分面积之和等于原来图形的面积。

很多中外数学家根据这一原理给出了多种证法。它不仅成为训练思维能力的"健身器"，而且其成果又构成一座美丽的数学花园。选载几幅，供读者参考（图41-4）。

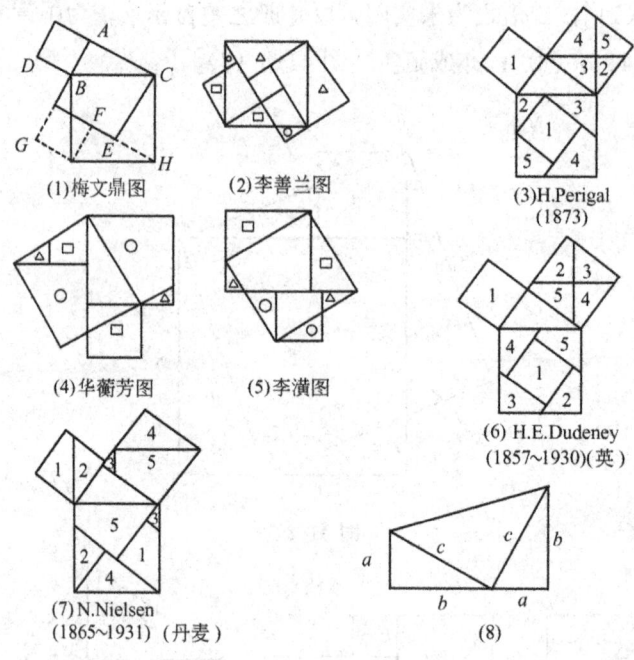

图 41-4

图41-4（8）是美国第20任总统 J. A. Garfield 给出的证明，他利用梯形面积等于3个直角三角形面积之和化简而得。

$$\frac{1}{2}(a+b)(a+b) = 2 \cdot \frac{1}{2}ab + \frac{1}{2}c^2$$

$$\frac{1}{2}(a^2+b^2) = \frac{1}{2}c^2$$

所以 $a^2+b^2=c^2$

其实，他的证明只不过是前面赵爽的证明中连接图41-3（3）中正方形对角线所得的图形而已。

过去一直认为勾股定理是古希腊毕达哥拉斯（公元前580至前570之间～约前500）首先发现并证明的，因而称为毕氏定理。据专家考证，并无明显文字依据。欧几里得（公元前365～前300）作《几何原本》时论述了勾股定理,并利用等积变换对其进行证明。从相似形出发,用射影定理证明勾股定理的数学家首先是古代印度的婆什迦罗,然后是意大利的斐波那契。

> 读读练练

练 习 题

1. 分析图 41-4（1）～（7）的依据。

2. 勾股容方（图 41-5）

方种芝麻斜种黍　勾股之田十亩无零数
九十（步）股差方为界　勾差十步分明许　借问贤家如何取　多少黍田多少芝麻亩　算的二田无误处　智能才华算中举

答曰：芝麻田 3.75 亩

黍田 6.25 亩

选自《九章算法比类大全》

提示：$DE^2 = AD \cdot FB$　1 亩 = 240 平方步

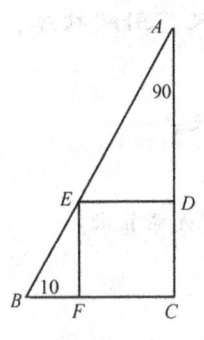

图 41-5

42 葭生中央

今有池一方,葭生其中央,出水一尺。引葭赴岸,适与岸齐。问水深、葭长各几何?

答曰:水深一丈二尺;葭长一丈三尺。

选自《九章算术》

42 葭生中央

葭（jiā）是指初生的芦苇。现有方池一个，边长1丈，芦苇生在其中央，露出水面1尺，把芦苇引到池边，芦苇的顶端刚刚碰到岸边。问水深、芦苇长各是多少？

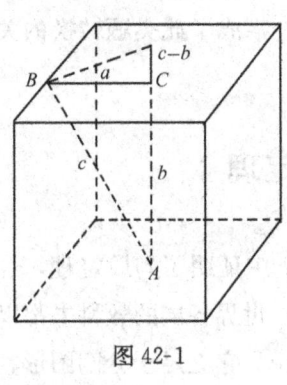

图 42-1

解法 1　代数法

刘徽把方池边长的一半作为勾 a，水深为股 b，葭长为弦 c，本题归纳为"已知勾及股、弦差，求股和弦"的类型（图 42-1）。

因为
$$a^2 = c^2 - b^2 = (c-b)(c+b) \quad (42\text{-}1)$$
$$c+b = \frac{a^2}{c-b}, \text{而}(c+b)-(c-b) = 2b$$

所以
$$b = \frac{(c+b)-(c-b)}{2} = \frac{a^2-(c-b)^2}{2(c-b)} \quad (42\text{-}2)$$

已知 $a=5$，$c-b=1$；代入（42-2）得

所以　　$b=12$（尺），$c=b+(c-b)=13$（尺）　　(42-3)

解法 2　中算古法

术曰：半池方自乘，以出水一尺自乘，减之，余，倍出水除之，即得水深，加出水数，得葭长。

这实质上就是公式（42-2）和（42-3），而其关键是证明公式（42-1），即
$$c^2 - b^2 = (c-b)(c+b)$$

用出入相补法，从图 42-2 中一看便知。

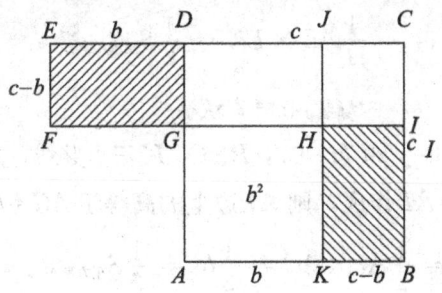

图 42-2

设正方形 $ABCD$ 边长为 c，正方形 $AKHG$ 的边长为 b，则
$$c^2 - b^2 = S_{KBCDGH} = S_{KBIH} + S_{ICDG} = S_{DGFE} + S_{ICDG} = S_{ICEF}$$
即
$$c^2 - b^2 = (c+b)(c-b)$$
这就是 a，$c+b$，$c-b$ 三者已知其二可求另一，成了此类题转换的关键（下略）。

古往今来　　欧几里得证勾股定理

欧几里得（Euclid）在《几何原本》卷 1 中证明了勾股定理，这个证明是平面几何中的经典内容。两千多年来，世界各国的教科书都以不同的形式介绍了欧氏的证明。从数学思想上说，它立足于分割图形、合同变换等综合手段，与刘徽的思想是神脉相通的。即使在今天的初中几何里，欧氏的思想方法甚至图形本身仍然广为采用，不仅如此，还衍生出许多形式各异、难度较大的习题来。

设直角三角形 ABC 中（图 42-3），$\angle C$ 是直角，$BC=a$，$AC=b$，$AB=c$，分别以 a、b、c 为边，向外作正方形，则
$$BC = a,\quad AC = b,\quad AB = c$$
$$S_{ABDE} = c^2,\quad S_{BCGF} = a^2,\quad S_{ACHI} = b^2$$

容易证明
$$\triangle ACE \cong \triangle AIB$$

作 $CL \perp AB$，交 ED 于 K，则 $CK // AE$。

在 $\triangle AEC$ 中，如果把 AE 作底，则 AE 边上的高等于 EK。
$$S_{\triangle AEC} = \frac{1}{2} AE \times EK = \frac{1}{2} S_{\text{矩形} AEKL}$$

所以
$$S_{\text{矩形} AEKL} = 2 S_{\triangle AEC}$$

另一方面，$\angle ACB = \angle ACH = 90°$，$B$、$C$、$H$ 三点共线，并且 $BH // AI$，在 $\triangle AIB$ 中，如果把 AI 作底，则 AI 边上的高等于 $AC=b$。
$$S_{\triangle AIB} = \frac{1}{2} AI \times AC = \frac{1}{2} b^2 = \frac{1}{2} S_{\text{正方形} AIHC}$$

所以　　$S_{\text{矩形} AEKL} = S_{\text{正方形} AIHC}$

同理可证　　$S_{\text{矩形} BDKL} = S_{\text{正方形} BCGF}$

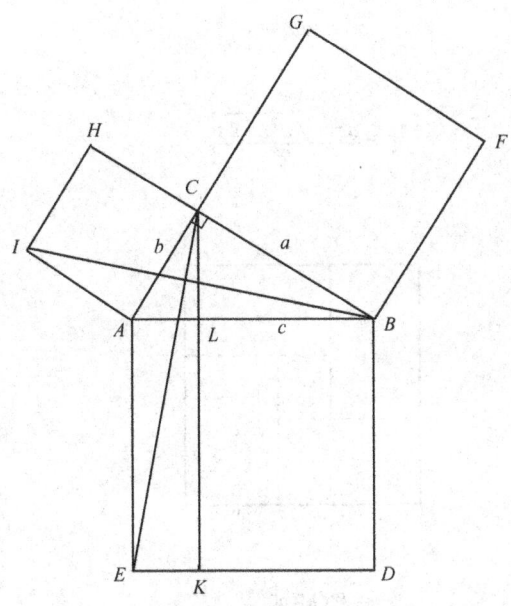

图 42-3

$$S_{\text{正方形}AIHC}+S_{\text{正方形}BCGF}=S_{\text{矩形}AEKL}+S_{\text{矩形}BDKL}=S_{\text{正方形}ABDE}$$

所以 $a^2+b^2=c^2$

欧几里得就用这样的方法证明了勾股定理。这个证明传遍世界、流芳千古。它是建立在欧氏几何逻辑演绎的基础之上的，与刘徽、赵爽的证明风格迥异、各有千秋，读者可以从中品味这两种几何体系的特色。

读读练练　　练　习　题

分析程大位"归除平方带纵歌"的依据。

平方带纵法最奇　四倍积步不须疑　纵多自乘加积步
又用开方法除之　再以纵多并开积　折半方好长数施
若问阔步知多少　将长减却纵多基

即已知矩形的面积为 s，长 x 比阔 y 多 $x-y=a$（纵多）求长 x 和阔 y（图 42-4）。

实际上程大位导出了方程

211

$$x^2 - ax = s$$

的解是

$$x = \frac{a + \sqrt{a^2 + 4s}}{2}$$

请加以证明。

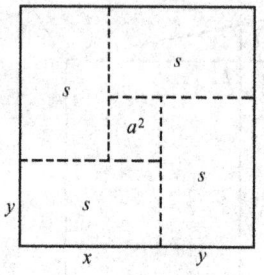

图 42-4

43 竹折抵地

今有竹高一丈，末折抵地，去本三尺。问折者高几何？
答曰：四尺、二十分尺之一十一。

选自《九章算术》

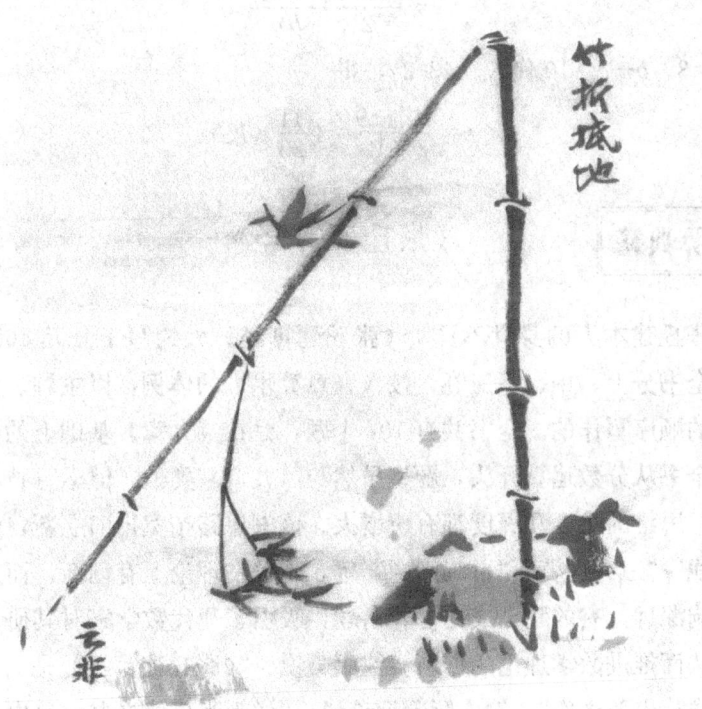

好玩的数学

中国古算解趣

今有竹垂直于地面，原高 1 丈，折断后竹梢触地，触点离根部 3 尺。问折断处的高是多少？

这是勾股定理的一个简单的应用题。即在直角三角形 ABC 中，已知 $a=3$，$b+c=10$，求 b（图 43-1）。

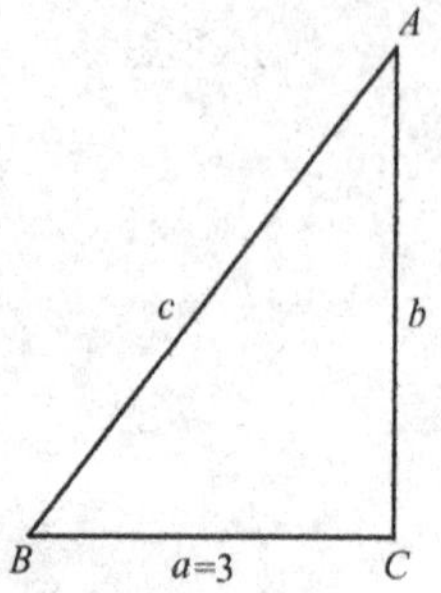

事实上，因为

$$a^2 = c^2 - b^2 = (c+b)(c-b) \quad (43\text{-}1)$$

$$c - b = \frac{a^2}{c+b}$$

$$b = \frac{1}{2}[(c+b)-(c-b)] = \frac{1}{2}\left[(c+b)-\frac{a^2}{c+b}\right]$$

$$= \frac{(c+b)^2 - a^2}{2(c+b)} \quad (43\text{-}2)$$

将 $a=3$，$b+c=10$ 代入 (43-2)，得

$$b = \frac{10^2 - 9}{2 \times 10} = 4\frac{11}{20} \text{（尺）}$$

图 43-1

中算典籍　《张丘建算经》

张丘建本人的身世不详。《张丘建算经》大约写于公元 468～486 年。全书分上、中、下三卷，按《九章算术》的体例，以主题、答数和术文的顺序写作的。全书共有 102 个题，是在《九章》基础上的创新之作。全书从分数运算开头，题型虽然与《九章》类似，但运算技巧有所提高，思维的难度和深度都有所增大。该书思路拓宽排旧立新，像"封山周栈""三兵巡营""百鸡问题"等，不仅在理论上有创新，而且对后世影响深远，有的题已成为世界名题，吸引了几代数学家对其研讨、解析，从而推进数学理论的创新。沈康身说："《张丘建算经》是《九章算术》推陈出新之作"。清人阮元评论说："详观张丘建之书，盖出于九章而得其精微者。"比利时学者在分析"百鸡问题"时认为"惊人的事实说明，他深知这些解之间的关系。"

43 竹折抵地

> 读读练练

练 习 题

1. 今有葭生于池中，出水三尺，去岸一丈。引葭趋岸，不及一尺。问葭长及水深各几何？

答曰：葭长一丈五尺，水深一丈二尺。

选自《张丘建算经》

2.   折竹抵地

    今有竹高一丈　园中出众高强　只因有病被虫伤
    节节相连不长　风折枯梢在地　离根三尺曾量
    枯梢折竹数明彰　激恼先生一晌

答曰：4.55 尺。

选自《九章算术比类大全》

44 三斜求积

问沙田一段，有三斜，其小斜一十三里，中斜一十四里，大斜一十五里。里法三百步，欲知为田几何？

答曰：田积三百一十五顷。

术曰：以少广求之。以小斜幂，并大斜幂，减中斜幂，余半之，自乘于上。以小斜幂乘大斜幂，减上，余四约之，为实。一为从隅，开平方，得积。

选自《数书九章》

如图 44-1，在 $\triangle ABC$ 中，设大斜 $=a$，中斜 $=b$，小斜 $=c$，$a>b>c$，$\triangle$ 面积记为 $S_{\triangle ABC}$。

这是著名的秦九韶"三斜求积"的原题（图 44-1）。在这里，秦氏提出了著名的"三斜求积公式"，即已知不等边三角形的三边分别为大斜、中斜、小斜（简记为大、中、小），那么，这个三角形的面积为：

$$(\triangle 面积)^2 = \frac{1}{4}\left[小^2 \cdot 大^2 - \left(\frac{大^2 + 小^2 - 中^2}{2}\right)^2 \right] \quad (44\text{-}1)$$

用学校里常用的符号表示：

$$S_{\triangle ABC} = \frac{1}{2}\sqrt{a^2 c^2 - \left(\frac{a^2+c^2-b^2}{2}\right)^2} \quad (44\text{-}2)$$

将 $a=15$，$b=14$，$c=13$ 代入公式 (44-1)：

44 三斜求积

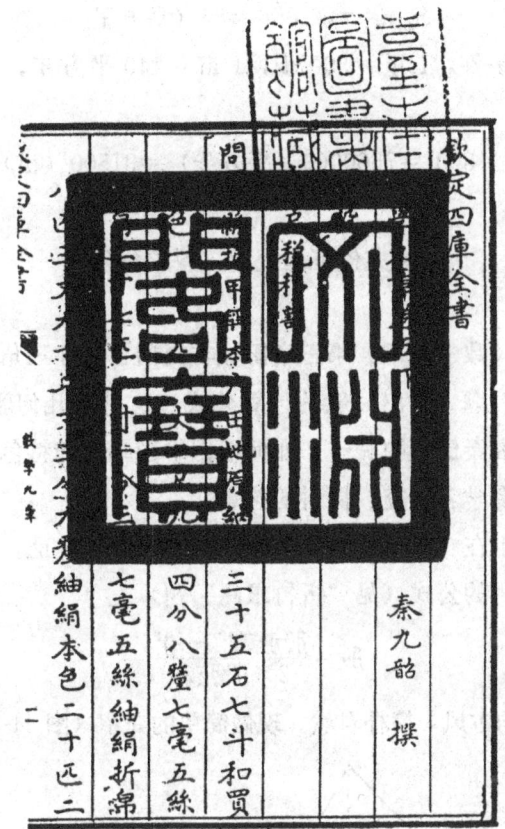

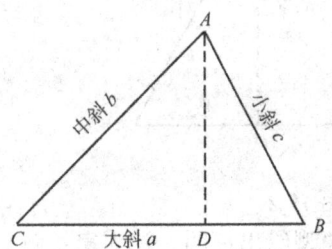

图 44-1

$$S^2_{\triangle ABC} = \frac{1}{4}\left[15^2 \times 13^2 - \left(\frac{15^2 + 13^2 - 14^2}{2}\right)^2\right]$$

$$= \frac{1}{4}\left[225 \times 169 - \frac{1}{4}(225 + 169 - 196)^2\right]$$

$$= \frac{1}{4}(38025 - 9801) = 7056$$

所以 $S_{\triangle ABC}=\sqrt{7056}=84$（平方里）

按照题设条件，1 里 = 300 步，1 亩 = 240 平方步，100 亩 = 1 顷，所以

$S_{\triangle ABC}=84\times300^2=7560000$（平方步）= 31500（亩）= 315（顷）

古法探源　　吴文俊证秦九韶三斜求积公式

秦九韶在《数书九章》第三章田域类提出了已知三角形三边求面积的"三斜求积"题，给出一般的计算公式，这是对几何学的一大贡献。但由于诸多原因秦氏证明失传。如何根据中国几何的特色补出秦氏公式的证明，是众多学者研究、探讨的热点。

吴文俊先生在《出入相补原理》一文中，作了补证。他利用直角三角形中古人常用的公式（见"折竹求高"题）

$$股 = \frac{股弦和^2 - 勾^2}{2\times 股弦和} \qquad (44-3)$$

脱手而出，古韵古风，简朴自然。现做简单的介绍（图 44-2，图 44-3）。

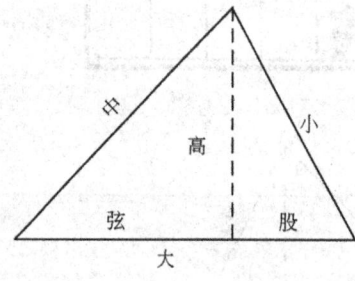
图 44-2

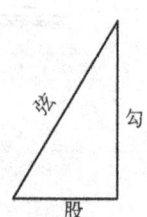
图 44-3

我们按吴先生的原型给出证明，让大家了解一点中国几何的特色。

如图 44-2，因为三角形面积 $=\frac{1}{2}$ 大 $\times$ 高，

那么　　　　　　面积$^2 = \frac{1}{4}$ 大$^2 \times$ 高^2　　　　　　(44-4)

作大边上的高，把大边分为两段，比较长的一段为弦，较短的一段为股；作一辅助直角三角形，将另外一边称为勾（图 44-3），这时有

大 = 股 + 弦 = 股弦和　　　　　　(44-5)

$$勾^2 = 弦^2 - 股^2 = (中^2 - 高^2) - (小^2 - 高^2)$$
$$= 中^2 - 小^2$$

又由 (44-3) 式知

$$股 = \frac{股弦和^2 - 勾^2}{2 \times 股弦和} = \frac{大^2 - (中^2 - 小^2)}{2 \times 大}$$

而

$$高^2 = 小^2 - 股^2 = 小^2 - \left(\frac{大^2 + 小^2 - 中^2}{2 \times 大}\right)^2 \quad (44\text{-}6)$$

将 (44-6) 式代入 (44-4) 式即得

$$面积^2 = \frac{1}{4} 大^2 \times \left[小^2 - \left(\frac{大^2 + 小^2 - 中^2}{2 \times 大}\right)^2\right]$$
$$= \frac{1}{4}\left[小^2 \times 大^2 - \left(\frac{大^2 + 小^2 - 中^2}{2}\right)^2\right]$$

这就是秦九韶"三斜求积"的公式。

这个证明的妙处是移出形外，另作一个辅助的直角三角形。由"勾"作桥梁，用上《九章算术》中解直角形的成果化难为易、水到渠成。所以吴先生说："按秦氏公式的形式十分古怪，当是依某种思路自然引导到这一形式的。上面的证法颇为自然，也符合我国古代几何的传统特色，说它是原证，也是不无可能的。"

广大中小学生都知道已知三角形三边 a, b, c 求其面积的"海伦公式"，并在练习中常常使用。这两个公式是否是各自独立发明的还不很清楚。吴文俊先生的观点十分明确，可以帮助我们澄清一些是非："在西方有所谓的海伦公式：三角形面积 $= \frac{1}{4}\sqrt{(a+b+c)(b+c-a)(c+a-b)(a+b-c)}$。这一公式形式十分漂亮。正因为这样，如果已知海伦公式而再来推出秦氏公式，将是不可思议的。相反，从秦的公式化简成海伦的公式却是比较自然的发展。

据此我们至少可以断言，秦的公式是独立于海伦公式而来的。

关于海伦的生平，从公元前 2 世纪到公元 10 世纪，数学史家聚讼纷纭。至于海伦流传到现在的著作，也已经人指出，历代都重新编纂。有所增改，已经不是本来面目。这是熟悉希腊数学史的应予澄清的事，这里就不考虑了。"

引了吴先生很长的一段话，就是让大家心中有"底"：老一辈数学家在从事高深研究的同时，还为中小学教育释疑解难，这种精神可敬可佩。

读读练练　　练　习　题

1. 将秦九韶公式化简成海伦公式，并进一步化简：
$$S_{\triangle ABC} = \sqrt{s(s-a)(s-b)(s-c)},$$
其中，$s = \frac{1}{2}(a+b+c)$

2. 利用余弦定理证明秦九韶公式。

45 窥望海岛

　　今有望海岛，立两表齐高三丈，前后相去千步，令后表与前表参相直。从前表却行一百二十三步，人目着地，取望岛峰，与表末参合，从后表却行一百二十七步，人目着地取望岛峰，亦与表末参合。问岛高及去表各几何？

　　答曰：岛高四里五十五步。去表一百二里一百五十步。

选自《海岛算经》

　　现有人测望海岛，立两标杆各高 3 丈，前后距离 1000 步，并使两标杆与海岛顶峰在同一平面内，从前标杆向后退 123 步，人目着地，前视岛峰恰好与标杆顶点在一直线上。从后标杆向后退 127 步，人目着地，前视岛峰，也恰好与标杆顶点在一直线上，问岛高、岛与前标杆距离各是多少（图 45-1）？

　　《海岛算经》是刘徽注解《九章算术》勾股章以后，对书中测量术继续深入研究的成果，所用的方法基本上是通过面积"出入相补"得到了公式：

　　岛高 $e=\dfrac{af}{c_2-c_1}+a$，岛与前标杆的距离 $b=\dfrac{c_1 f}{c_2-c_1}$。

解法 1　中算古法

我们用出入相补法来证明刘徽的两个公式。

好玩的数学
中国古算解趣

图 45-1

设岛高 $AM=e$，标杆长为 a，人目在 B、C 位置，如图 45-3 所示，$c_1=DB$，$c_2=HC$。

先证明有关矩形面积的一个重要性质，见图 45-2。

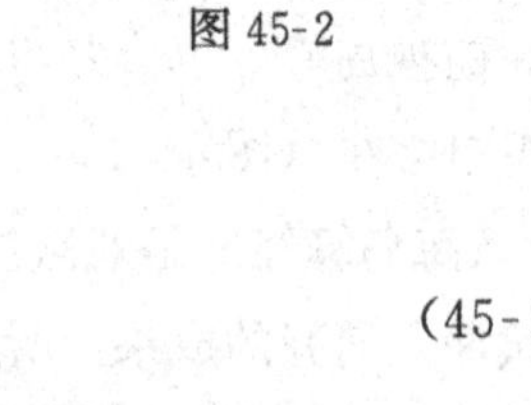

矩形 $ABCD$（简记为 $\Box AC$），以对角线上任意一点 M 作两边的垂线，将矩形分为 6 块，容易看出

图 45-2

$$\Box AM = \Box MC \qquad (45\text{-}1)$$

所以

$$bc = ad \qquad (45\text{-}2)$$

(45-1)，(45-2) 是证明中常用的关系。

在图 45-2 的基础上作成如图 45-3 的矩形图，取 $PQ=c_1$，作一辅助矩形 $\Box PS$，则

$$\Box PS = \Box NG \qquad (45\text{-}3)$$

在矩形 $\Box AR$ 中，有

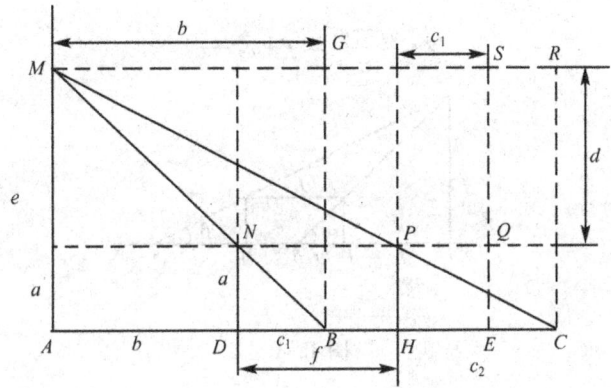

图 45-3

$$\Box AP = \Box PR \tag{45-4}$$

在矩形 $\Box AG$ 中，有

$$\Box AN = \Box NG \tag{45-5}$$

(45-4) － (45-5) 式，并用 (45-3) 式代换：

$$\Box AP - \Box AN = \Box PR - \Box NG = \Box PR - \Box PS$$

所以　$\Box DP = \Box QR$，即

$$af = d(c_2 - c_1), \quad d = \frac{af}{c_2 - c_1} \tag{45-6}$$

$$e = d + a = \frac{af}{c_2 - c_1} + a$$

又由 (45-5) 式知

$$ab = c_1 d, \quad b = \frac{c_1 d}{a} = \frac{c_1 f}{c_2 - c_1}$$

解法 2　三角函数法

利用高中三角函数的知识来解这道题，也是很容易的。

如图 45-4

$$\cot\alpha = \frac{c_1}{a}, \quad \cot\beta = \frac{c_2}{a}$$

$$e\cot\alpha = AB, \quad e\cot\beta = AC$$

$$e(\cot\beta - \cot\alpha) = BC$$

而

$BC = f + c_2 - c_1$,即

$$e \cdot \frac{c_2 - c_1}{a} = f + c_2 - c_1$$

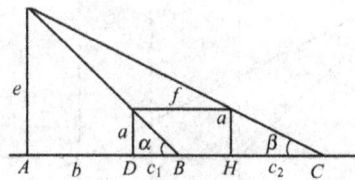

图 45-4

所以
$$e = \frac{af}{c_2 - c_1} + a \tag{45-7}$$

$$AD = e\cot\alpha - c_1 = \frac{c_1}{a}\left(\frac{af}{c_2 - c_1} + a\right) - c_1 = \frac{c_1 f}{c_2 - c_1} \tag{45-8}$$

以步为单位进行计算:

$a = 3$ 丈 $= 5$ 步, $c_1 = 123$ 步, $c_2 = 127$ 步, $f = 1000$ 步

所以 $e = \dfrac{5 \times 1000}{127 - 123} + 5 = 1255$(步)$= 4$ 里 55 步

$b = \dfrac{123 \times 1000}{127 - 123} = 30750$(步)$= 102$ 里 150 步

| 智慧之光 | 解密星期几 |

这是我的老友汪亚森先生玩数学的一个成果,把它收在这本书里,作为纪念,亦可应用。

一

一组数码"255136140250",我们称它们为 2014 年 1 月到 12 月的"星期几密码"。2014 年 1 月的密码是 2,2 月、3 月和 11 月的密码相同,都是 5,……有了这 12 个密码,我们就可以心算出 2014 年任何一天是星期几。

例 1 2014 年"三八"国际妇女节是星期几?

解 取 3 月的密码 5 加上日期 8,其和是 13。再把 13 除以每周的天数 7,得商 1 余 6,

$$(5+8) \div 7 = 1 \cdots\cdots 6$$

这个6就是星期六的六。也就是说，2014年"三八"国际妇女节是星期六。

例2 利用公元1941年各月星期几密码表"255136140250"，求当年6月22日及12月7日各是星期几？

解 ∵ $(6+22) \div 7 = 4 \cdots\cdots 0$,

$(0+7) \div 7 = 1 \cdots\cdots 0$,

∴ 这两日均是星期日。

我们知道这两天分别是德国法西斯大举进攻前苏联和日本偷袭珍珠港所选择的日期，都是星期日。

由上面几例，我们知道如果有了某年各月的星期几密码表，该年中任何一日是星期几都可以很快求得。其方法是：如果求该年某月某日是星期几，只要找到该月的密码，再把此密码数加上某日的日数，最后将和数除以7，所得的余数分别为0（整除），1，2，3，4，5，6这7种情况，是0，该日就是星期日，是1，该日就是星期一，……

二

虽然在有密码表的条件下，我们可以容易且准确地求得某日是星期几，但是目前还没有这种密码表问世。我们就一起来自制星期几密码表。

由于星期几的密码与阳历（即公历）的闰年的关系密切，现在有的省编义务教育教材中，把闰年的规律总结成12个字："四年一闰，百年不闰，四百年又闰"的规律，它的原理是什么呢？众所周知，地球自转一圈为一天，地球绕太阳公转一圈为一回归年。一天24小时，一年365天。但事实是一天略少于24小时，而一年要比365天多5小时48分46秒。为此，人们进行了周密计算，对日历作了必要的调整，规定阳历公元的年数如能被4整除，这该年的2月增加一日，成29日，该日称闰日。而当该年是整百年，如：公元2100年，2200年，2300年，这几年的年数均能被4整除，他们都不闰年，2月没有29日这个闰日，而公元2000年的年数既能被4整除，又能被400整除，这一年又是闰年，2月有29日。我们从这一规定统计出2000年——2399年这4个世纪的总日数正好是146097，这个数能被7整除，说明顺延的25世纪到

28世纪相对应的各日，如2000年元月1日与2400年元月1日的星期几是相同的。这就使我们只要编出一个连续四世纪的星期几密码表，就可以顺延下一个连续四世纪，也可逆推前面的连续四世纪。

我们就以我们生活的21世纪为目标，先编列一百年的密码表。

因为1999年12月31日是星期五，则2000年元月1日自然就是星期六了。我们把这个5叫作2000年元月的星期几密码，因为有这个数字可确定2000年元月任何一天是星期几。下面举两例。

例1 2000年元月2日是星期几？

解 ∵ (5+2)÷7=1……0 余数0代表星期日，即元月2日是星期日。

例2 2000年元月31日是星期几？

解 ∵ (5+31)÷7=5……1 余数1，代表星期一，即元月31日是星期一。

由例2知2月的密码是1，它还可以由元月有31日，31=7×4+3，这个余数3让它加上元月的密码5得 3+5=8=7+1，这个等式最后的1就是2000年2月的密码。2000年2月有闰日。

∴ 2月有29日，29=28+1，1+1=2，所以2000年3月的密码是2。用同样的方法可求得2000年4至12月的密码依次是：5，0，3，5，1，4，6，2，4。

由于从2001年到2099年的闰月都是4年一闰，每星期又是7天，4与7的最小公倍数是28，说明从2001年到2099年各年的密码应按28年一循环。所以我们只需编出2001年至2028年的密码加上2000年的密码就能用于整个21世纪了（表45-1）。

我们编列21世纪的密码的过程是把2001年至2004年编为一组，以下均4年编成一组，发现第一个4年的一月份顺次为0，1，2，3；第二个4年的一月份的密码是5，6，0，1；依次是3，4，5，6；1，2，3，4；6，0，1，2；4，5，6，0；2，3，4，5。我们把每组第一个月的密码排成0，5，3，1，6，4，2；而22世纪的密码排列是5，3，1，6，4，2，0；23世纪的密码排列是5，3，1，6，4，2，0；23世纪的密码排列是3，1，6，4，2，0，5；24世纪的密码排列是1，6，4，2，0，5，3。这说明22世纪，23世纪，24世纪这三个世纪从各世纪01年至各世纪99年完全可以运用21世纪的密码表，只不过是22世纪的01年至 28 年是 21 世纪的 05 年，06 年，……，28 年，01 年，02 年，03 年，04 年的密码顺序。23 世纪的 01 年至 28 年的密码，则依 21 世纪的 09 年，10 年，……，28 年，01 年，02 年，……，08 年的顺序。24 世纪按同样办法从 21 世纪的 13 年起到 28 年再接 01 年至 12 年这样的 28 组密码排列来使用。

我们完成了密码表的编制，知道使用方法，熟悉这些密码排列的顺序后，完全可以抛开密码表进行心算，求出任何一日是星期几了。请看下面一例。

例 求 1789 年 7 月 4 日是星期几？

解 由 1789 年知道是 18 世纪的一年，由 $18 \div 4 = 4 \cdots\cdots 2$ 知它与 22 世纪的密码完全一样。再由 $89 \div 28 = 3 \cdots\cdots 5$ 知 1789 年的密码应与 1705 年（2105 年）的密码相同，而 1705 年（2105 年）元月的密码是 3，易得 7 月的密码是 2。由 $(2+14) \div 7 = 2 \cdots\cdots 2$，余数的 2 即是 7 月 14 日为星期二的 2。

1789 年 7 月 14 日是法国革命者攻克巴士底狱的那一天，那天是星期二，其后不久就被革命者送上断头台的法国统治者路易十六却在他的大事记中写下："14 日，星期二，无事"八个大字。

表 45-1 二十一世纪各年星期几密码表

·2000 年	5	1	2	5	0	3	5	1	4	6	2	4	
2001 (29, 57, 85)	0	3	3	6	1	4	6	2	5	0	3	5	
2002 (30, 58, 86)	1	4	4	0	2	5	0	3	6	1	4	6	（一）
2003 (31, 59, 87)	2	5	5	1	3	6	1	4	0	2	5	0	
·2004 (32, 60, 88)	3	6	0	3	5	1	3	6	2	4	0	2	
2005 (33, 61, 89)	5	1	1	4	6	2	4	0	3	5	1	3	
2006 (34, 62, 90)	6	2	2	5	0	2	5	1	4	6	2	4	（二）
2007 (35, 63, 91)	0	3	3	6	1	4	6	2	5	0	3	5	
·2008 (36, 64, 92)	1	4	5	1	3	6	1	4	0	2	5	0	
2009 (37, 65, 93)	3	6	6	2	4	0	2	5	1	3	6	1	
2010 (38, 66, 94)	4	0	0	3	5	1	3	6	2	4	0	2	（三）
2011 (39, 67, 95)	5	1	1	4	6	2	4	0	3	5	1	3	
·2012 (40, 68, 96)	6	2	3	6	1	4	6	2	5	0	3	5	
2013 (41, 69, 97)	1	4	4	0	2	5	3	6	1	1	4	6	
2014 (42, 70, 98)	2	5	5	1	3	6	1	4	0	2	5	0	（四）
2015 (43, 71, 99)	3	6	6	2	4	0	2	5	1	3	6	1	
·2016 (44, 72)	4	0	1	4	6	2	4	0	3	5	1	3	

续表

2017 (45, 73)	6	2	2	5	0	3	5	1	4	6	2	4	
2018 (46, 74)	0	3	3	6	1	4	6	2	5	0	3	5	(五)
2019 (47, 75)	1	4	4	0	2	5	0	3	6	1	4	6	
•2020 (48, 76)	2	5	6	2	4	0	2	5	1	3	6	1	

2021 (49, 77)	4	0	0	3	5	1	3	6	2	4	0	2	
2022 (50, 78)	5	1	1	4	6	2	4	0	3	5	1	3	(六)
2023 (51, 79)	6	2	2	5	0	3	5	1	4	6	2	4	
•2024 (52, 80)	0	3	4	0	2	5	0	3	6	1	4	6	

2025 (53, 81)	2	5	5	1	3	6	1	4	0	2	5	0	
2026 (54, 82)	3	6	6	2	4	0	2	5	1	3	6	1	(七)
2027 (55, 83)	4	0	0	3	5	1	3	6	2	4	0	2	
•2028 (56, 84)	5	1	2	5	0	3	5	1	4	6	2	4	

附	2100年	4	0	0	3	5	1	3	6	2	4	0	2
	2200年	2	5	5	1	3	6	1	4	0	2	5	0
	2300年	0	3	3	6	1	4	6	2	5	0	3	5

注：在每行左边有黑点时，表示该年是闰年。

读读练练　　**练　习　题**

1. 有山居木西，不知其高。山去木五十三里，木高九丈五尺，人立木东三里，望木末适与山峰斜平，人目高七尺。问山高几何（图45-5）？

答曰：一百六十四丈九尺六寸、太半寸。

选自《九章算术》

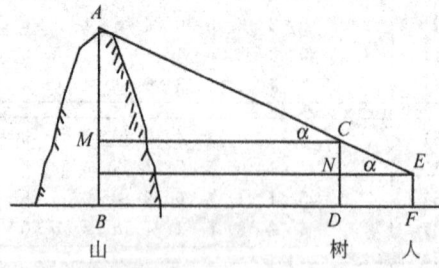

图 45-5

2. 有人测望山上松树，树高不知。先立二标杆，高为2丈，相距50步，且标杆、松树共面。从前杆后退7步4尺，人目着地视前树顶与杆顶在同一直线上。前视树根，视线截标杆顶点以下2尺8寸。从后杆退行8步5尺，人目着地，前视树顶，与标杆顶在一直线上（图45-6）。问松树高是多少？山与前杆的距离是多少？

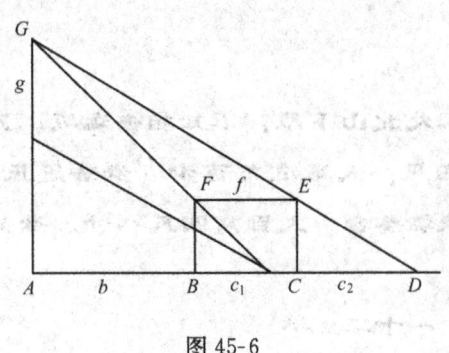

图45-6

答：松树高12丈2尺8寸，山与前杆的距离是1里28$\frac{4}{7}$步

选自《海岛算经》（今译）

46 望敌远近

问敌军处北山下原,不知相去远近。乃于平地立一表,高四尺,人退表九百步(步法五尺),遥望山原,适与表端参合。人目高四尺八寸。欲知敌军相去几何?

答曰:一十二里半

选自《数书九章》

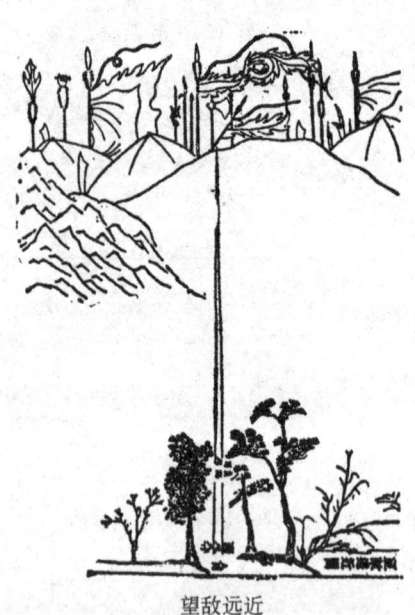

望敌远近

46 望敌远近

敌人的兵营驻扎在北面山脚下的一块平地上,不知相距多远。为测量敌我之间的距离,选择一块平地,立一标杆,标杆高 $h_1=4$ 尺,人后退 $d=900$ 步,目测兵营,人目高 $h_2=4.8$ 尺,人目、标杆端和山脚 3 点在一条直线上。求敌我之间的距离(图 46-1)。

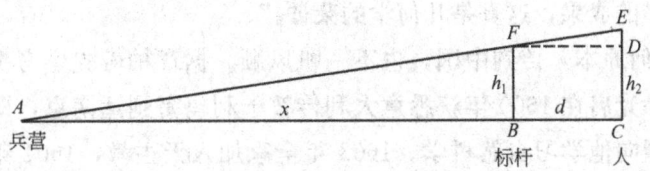

图 46-1

解 由 Rt△ABF∽Rt△FDE 得

$$\frac{x}{d}=\frac{h_1}{h_2-h_1}, \quad x=\frac{dh_1}{h_2-h_1}$$

已知 $d=900$ 步 $=4500$ 尺,$h_1=4$ 尺,$h_2=4.8$ 尺

$$x=\frac{4500\times 4}{4.8-4}=22500 \text{(尺)}$$

因为 1 步 $=5$ 尺,1 里 $=360$ 步

所以 $x=22500$ 尺 $=4500$ 步 $=12\frac{1}{2}$ 里

名人轶事 徐光启遗憾三百年

我小时候并不喜欢算术,听高年级的同学说,几何更难,"人生有几何?何必学几何。学了几何几何好,不学几何又几何?"心里很怕学几何。初二王泽运老师教几何,用的是《三 S 平面几何学》,慢慢地把我的兴趣调动起来了,也带动了其他学科的学习。所以,我教数学,特别注意通过几何课来提高学生的学习兴趣。

几何课本的老祖宗源自古希腊著名数学家欧几里得的《几何原本》,共 15 卷,含 23 个定义,5 个公设,5 个公理和 286 个命题,构成一个严谨完整的公理化体系,在西方数学史上被誉为"盖世巨典"。它像一盏明亮的灯塔,照亮了西方科学发展之路,为人类建立了严谨、正确的论证方法。

十五、六世纪欧洲进入文艺复兴时期,1492 年哥伦布发现新大陆,

好玩的数学
中国古算解趣

1543年哥白尼提出日心说，加之伽利略在数学物理上的创造发明，促使欧洲航海、天文和工商业迅速发展。十八世纪，牛顿、高斯、黎曼等科学家研究运动及变化，使解析几何、微积分和微分几何相继诞生，成为数学发展的转折点。正如牛顿所说："从那么少的几条原理，就能获得那么多的成果，这真是几何学的荣誉。"

《几何原本》传到中国，也不一帆风顺。据章柏寿先生考据，明末科学家徐光启在1600年获悉意大利传教士利玛窦到达南京，即专程拜访，希望向他学习自然科学。1603年全家加入天主教，1604年徐考中进士，留京入翰林。其后利玛窦也到京城，给徐讲解《几何原本》。徐被书中基本理论和逻辑推理所折服，认为中国数学正缺少演绎体系，遂决定和利玛窦合译此书。翌年，前6卷即平面几何部分译毕。而徐"意方锐，欲竟之"，想一鼓作气把15卷译完。但利玛窦表示，先出版6卷，见效后，再译其余各卷。在翻译过程中，他们斟酌古今，屡经推敲，创造了"平行线""对顶角""直角""锐角""钝角"等数学新名词。徐氏感叹地说："这部光辉的数学著作，在以后100年里将成为天下学子必读之书。但到那时只怕太晚了……"。

历史比他的预感更悲哀。徐光启逝世11年后，闯王进京，满清人关，其后数十年间战乱不断，《几何原本》无人问津。不但后半部未能译出，前半部也不再发行。直到1857年才由中国科学家李善兰和英国传教士伟烈亚力共同译出。

1905年晚清新政，废科举，兴学校，几何始为中等学校必学的课程，总算实现300年前徐光启"无一人不学"的预言。

读读练练   练 习 题

1. 已知勾是8步，股15步，求内切圆直径。

答曰：6步

2. 现有正方形城，边长200步，每边正中开门，出东门15步有树，问出南门走多少步能见到树？

答曰：$666\frac{2}{3}$步

选自《九章算术》（今译）

47 临台测水

问临水城台，立高三丈，其上架楼，其下址侧脚阔二尺，荻下排沙下桩，去址一丈二尺，外桩露土高五尺，与址下平，遇水涨时，浸至址。今水退不知多少，人从楼上栏杆腰串间，虚驾一竿出外，斜望水际，得四尺一寸五分，乃与竿端参合。人目高五尺，欲知水退立深，涸岸斜长自台址至水际，各几何？

答曰：水退立深秦答：一丈五尺一百五十七分尺之一百三十五，王答：一丈七尺一百五十七分尺之三十六；涸岸自台址至水际斜长秦答：四丈一尺一百五十七分尺之三十七，王答：四丈四尺一百五十七分尺之一百二十五

选自《数书九章新释》

有一临水的城台，台高 $h=3$ 丈（图 47-1），其上建了一座城楼，城楼下址侧脚阔 $a_3=2$ 尺，护岸排沙的木桩离岸边的距离是 $a_2=12$ 尺，土桩露出土坡面的高度为 $h_2=5$ 尺，桩顶与下址在一条水平线上。水涨时，水位到达城墙下址；水退时，不知水位多高。为测出退水的水位，今从栏杆的中间虚架 1 标杆，斜望水边，使人目、竿端、水边在一条直线上。视线截得标杆长 $a_1=4.15$ 尺，人目高 $h_1=5$ 尺，求退水时水边有多深，台址到水边护岸的斜长是多少。

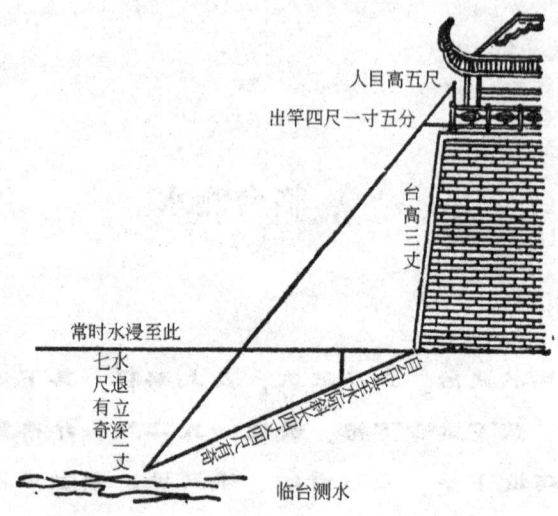

图 47-1

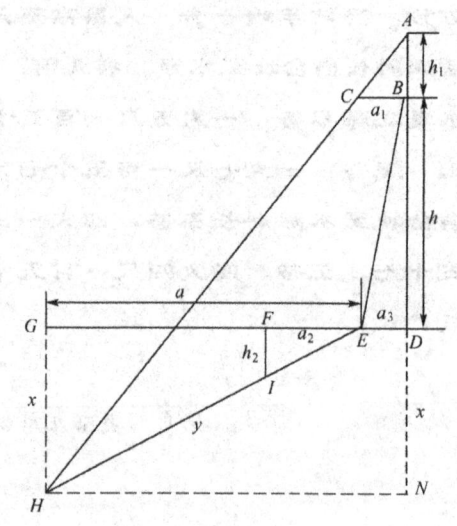

图 47-2

解 如图 47-2 设水深 $GH=x$ 尺，则
$Rt\triangle EGH \backsim Rt\triangle EFI$，$Rt\triangle ABC \backsim Rt\triangle ANH$，我们得到

$$\begin{cases} \dfrac{a}{x} = \dfrac{a_2}{h_2} & (47\text{-}1) \\ \dfrac{h_1}{a_1} = \dfrac{h_1+h+x}{a+a_3} & (47\text{-}2) \end{cases}$$

已知 $a_1=4.15$, $a_2=12$, $a_3=2$, $h_1=5$, $h_2=5$, $h=30$。代入 (47-1)，

(47-2) 得

$$\frac{a}{x}=\frac{12}{5}, \quad a=\frac{12}{5}x \qquad (47\text{-}3)$$

$$\frac{5}{4.15}=\frac{35+x}{a+2} \qquad (47\text{-}4)$$

将(47-3)式代入(47-4)式,

$$157x=2705$$

所以

$$x=\frac{2705}{157}=17\frac{36}{157}$$

$$a=\frac{12}{5}\times\frac{2705}{157}=\frac{6492}{157}$$

从台址到护水边的斜长 y 为

$$y=\sqrt{x^2+a^2}$$

$$=\frac{7033}{157}=44\frac{125}{157}$$

说明:本题图形复杂、数据较多,但只要利用相似三角形对应边成比例定理列出方程组(47-1)、(47-2),并将已知数据直接代入计算还是比较简单的,而不需要从方程(47-1)、(47-2)推求 x 和 a 的表达式(47-5),因为这个式子没有实用价值,而且计算繁琐、容易出错。

秦九韶在《数书九章》中推出的公式

$$x^2=\frac{h_2^2 y^2}{a_2^2+h_2^2}$$

$$=\frac{h_2^2 h(a_1 h h_2)[(a_1 h a_2)^2+(a_1 h h_2)^2]}{(a_2^2+h_2^2)[(a_3 h_1)h(a_1 h a_2)-(a_1 h a_2)(a_1 h h_2)]^2}$$

有错,故秦氏答案不正确。

王守义推出的

$$x=\frac{h_2[a_1(h+h_1)-a_3 h_1]}{a_2 h_1-a_1 h_2} \qquad (47\text{-}5)$$

是正确的。

古为今用　　**趣谈杨辉三角**

我国古代对开方运算进行了深入研究,不仅会开平方,而且能开高次方,解题的思路也是从二项式乘方入手的,贾宪、杨辉等均作出了巨大贡献，找出了由 $(x+1)^n$ 展开式的二项式系数所组成的一个三角形，人们称为杨辉三角。

$(x+1)^1$ 1   1

$(x+1)^2$ 1   2   1

$(x+1)^3$ 1   3   3   1

$(x+1)^4$ 1   4   6   4   1

……   …………

它的组成法则是：最外侧的两个数字是1，中间的数字等于其肩上（上一行）两个数字之和。这个规律给我们计算二项展开式提供了很大方便。

杨辉三角也有许多好玩的地方，在中学数学里出现了一些趣题、难题和探究题。

例1（2007湖南高考题）　将杨辉三角形中的奇数换成1，偶数换成0，得到如图47-3所示的0-1三角数表。从上往下数，第一次全行的数都是1的第一行，第二次全行都为1的是第三行，……第 n 次全行都为1的是第___行；第61行中的1的个数是___。

第一行   1   1

第二行   1   0   1

第三行   1   1   1   1

第四行   1   0   0   0   1

第五行   1   1   0   0   1   1

…… ……

图 47-3

这道题不太好做。首先按杨辉三角的构成规律多写几行，例如添加到第 10 行，再仔细观察，可以看到以下规律：

（1）第 2 行，第 4 行，第 8 行，……只有头尾两个 1，其余全为 0，可以猜想第 2^n 行也只有头尾两个 1，其余均为 0；

（2）第 3 行，第 7 行的数字全为 1，猜想第 2^n-1 行的数字全为 1；

（3）第 2 行，第 6 行，……第 2^n-2 行的数字应是 1，0 相间，即呈 1010…101 的形式；

（4）仿此，第 2^n-3 行的数字应是 1100 相间，即呈 110011…0011 的形式。

这样，本题的答案为：第 n 次全行为 1 的是第 2^n-1 行；

又因为 $61=2^6-3$，它由 62 个数字组成，呈

11001100…0011

的形式，故"第 61 行中 1 的个数是 32"（0 的个数是 30）。

证明以上猜想也不困难，因为二项式 $(x+1)^{2n}$ 展开式的系数为 C_{2n}^k，由组合数的计算公式可以看出除首尾两项的系数是 1 外，其余全为偶数，根据题目要求，记为 0；抓住这一点，由杨辉三角的组成法则，(2)，(3)，(4) 的证明就迎刃而解了。

像这样完全基于直观的解答仍属于猜测的范畴，并没有从根本上解决问题，即任给一个 n，$(x+1)^n$ 展开式中系数为奇数的项究竟有多少个？为此对例 1 作进一步的分析：

因为
$$61 = 32+16+8+4+1 = 2^5+2^4+2^3+2^2+1 \quad (47\text{-}6)$$
$$(x+1)^{61} = (x+1)^{32}(x+1)^{16}(x+1)^8(x+1)^4(x+1) \quad (47\text{-}7)$$

按照原题的约定，系数是奇数的记为 1，系数是偶数的记为 0，则 (47-7) 的展开式应为

$$(x^{32}+1)(x^{16}+1)(x^8+1)(x^4+1)(x+1) \quad (47\text{-}8)$$

这样，展开式中系数为奇数的项就是 (47-8) 式中的系数和，令 $x=1$ 代入 (47-8) 即得第 61 行中 1 的个数是：$2\times2\times2\times2\times2=2^5=32$。

这里有一个奇妙的现象，(47-6) 式就是 61 的二进制表示法，即
$$61 = (111101)_2$$

$(x+1)^{61}$ 展开式中系数是奇数的项共有 $2^{1+1+1+1+1}=2^5=32$ 个。

例 2 $(x+1)^{2008}$ 展开式中系数是奇数的项有____个。

因为
$2008 = 1\times2^{10}+1\times2^9+1\times2^8+1\times2^7+1\times2^6+0\times2^5+1\times2^4+1\times2^3+0\times2^2+0\times2^1+0\times2$
$= (11111011000)_2$

所以系数是奇数的项共有 $2^7=128$ 个。

例 3（上海综合测试） 若在二项式 $(x+1)^n$ 的展开式中任取一项，则该项的系数是奇数的概率是____。

这个题目就比较难了。基于以上思路，首先把 n 表示成以下形式（即二进制表示）

$$n = \alpha_k 2^k + \alpha_{k-1} 2^{k-1} + \cdots\cdots + \alpha_1 2 + \alpha_0 2^0 = (\alpha_k \alpha_{k-1} \cdots \alpha_0)_2$$

其中，$\alpha_k=1$，$\alpha_i=0$ 或 1（$i=0, 1, \cdots, k-1$）。

二项式 $(x+1)^n$ 展开式共有 $n+1$ 项，其中系数是奇数的有

项，故所求的概率 $p = \dfrac{2^{a_k + a_{k-1} + \cdots + a_0}}{n+1}$

没有想到杨辉三角经命题者的精心设计，变得如此巧妙，真是"山重水复疑无路，柳暗花明又一村"，是一道很好的探索研究题。下面再选两题作为练习。

读读练练 练 习 题

1. （2004 上海高考题）若在二项式 $(x+1)^{10}$ 的展开式中任取一项，则该项系数是奇数的概率是____。（结果用分数表示）

答案：$\dfrac{4}{11}$

2. （2006 湖北高考题）将杨辉三角中的每一个数 C_n^r 都换成 $\dfrac{1}{(n+1)C_{n-1}^r}$，就得到一个如下所示的分数三角形，称为莱布尼茨三角形，从莱布尼茨三角形可看出 $\dfrac{1}{(n+1)C_n^r} + \dfrac{1}{(n+1)C_n^x} = \dfrac{1}{nC_{n-1}^e}$，其中，$x = $ ____。令 $a_n = \dfrac{1}{3} + \dfrac{1}{12} + \dfrac{1}{30} + \dfrac{1}{60} + \cdots + \dfrac{1}{nC_{n-1}^2} + \dfrac{1}{(n+1)C_n^2}$，则 $\lim\limits_{n \to \infty} a_n = $ ____。

$$\begin{array}{c}
\dfrac{1}{1} \\
\dfrac{1}{2} \quad \dfrac{1}{2} \\
\dfrac{1}{3} \quad \dfrac{1}{6} \quad \dfrac{1}{3} \\
\dfrac{1}{4} \quad \dfrac{1}{12} \quad \dfrac{1}{12} \quad \dfrac{1}{4} \\
\dfrac{1}{5} \quad \dfrac{1}{20} \quad \dfrac{1}{30} \quad \dfrac{1}{20} \quad \dfrac{1}{5} \\
\dfrac{1}{6} \quad \dfrac{1}{30} \quad \dfrac{1}{60} \quad \dfrac{1}{60} \quad \dfrac{1}{30} \quad \dfrac{1}{6} \\
\dfrac{1}{7} \quad \dfrac{1}{42} \quad \dfrac{1}{105} \quad \dfrac{1}{140} \quad \dfrac{1}{105} \quad \dfrac{1}{42} \quad \dfrac{1}{7} \\
\cdots\cdots
\end{array}$$

答案：$r+1$，$\dfrac{1}{2}$

48 遥度圆城

问有圆城不知周径，四门中开，北外三里有乔木，出南门便折东行九里，乃见木。欲知城周径各几何？（圆用古法）

答曰：径九里，周二十七里。

选自《数书九章》

今有一圆城（图48-1），不知周长和直径，四门中开，出北门在正北3里处有一棵大树，出南门向东行9里，正好看见大树，求圆城的半径和周长。

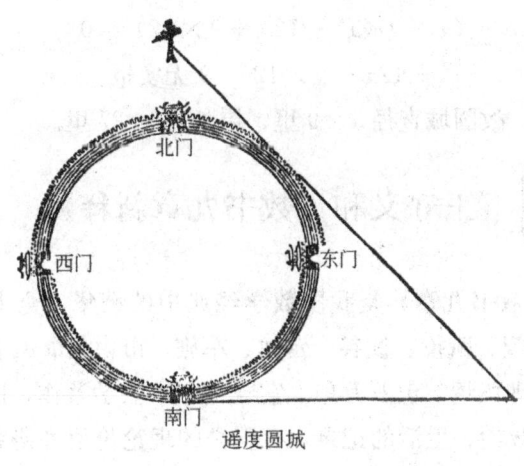

遥度圆城

图 48-1

解 设圆城的直径为 x，则半径为 $\frac{x}{2}$。B 为大树，C 为测点（图 48-2）

$$EB=3, AC=9$$

由 $Rt\triangle BOD \backsim Rt\triangle BAC$

$$\frac{OD}{CA} = \frac{BD}{BA}$$

$OD = \frac{x}{2}, AC=9, AB=x+3$

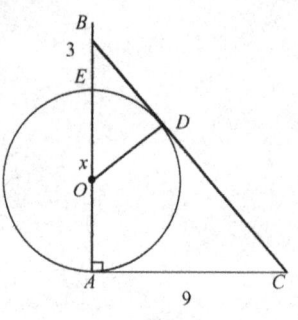

图 48-2

$$BD = \sqrt{OB^2 - OD^2} = \sqrt{(\frac{x}{2}+3)^2 - (\frac{x}{2})^2} = \sqrt{3(x+3)}$$

代入化简得

$$\frac{x}{18} = \frac{\sqrt{3(x+3)}}{x+3}$$

两边平方

$$x^2(x+3)^2 = 972(x+3), 因为 x+3 \neq 0$$

$$x^2(x+3) = 972, x^3 + 3x^2 - 972 = 0$$

即

$$x^3 + 3x^2 - 12 \times 9^2 = 0$$

由观察法可以看出 9 是方程的一个根。原方程可化为

$$x^3 - 9x^2 + 12x^2 - 12 \times 9x + 12 \times 9x - 12 \times 9^2 = 0$$

$$(x-9)(x^2 + 12x + 9 \times 12) = 0$$

$$x^2 + 12x + 9 \times 12 = 0 \text{ 无实根}。$$

按题意 π 取 3，故圆城直径 $x=9$ 里，周长 $\pi x=27$ 里。

名人轶事 王守义和《数书九章新释》

秦九韶《数书九章》是我国数学经典中的精华。全书设大衍、天时、田域、测望、赋役、钱谷、营建、军旅、市物九章 81 问，上自天文星象，下至地理民情，包罗万象。它既是一本数学著作，也是那个时代经济、科技、政治、生活的记录，有很高的理论价值和研究价值。秦氏继承和发展了《周髀算经》《九章算术》《海岛算经》《孙子算经》等中的理论和方法，而且在大衍求一术、正负开方术、线性方程组、三斜求积术等方面都有重大的发明和创新，在世界数学史上写下了光辉的一页。

由于秦氏《数书》内容艰深难读，尽管从古至今不少人对该书作注、校勘、写读书札记，但难读依然，流传不广。今天，将该书译到广大数学工作者、中小学教师、大学生乃至高中学生能读的程度，确实是一件很不容易的事。西北师范学院王守义先生在十分困难的条件下完成了这项很有意义的工作。

王守义（1912~1976），山东清平县人。1935年考入齐鲁大学，1937年抗日战争爆发后，辗转到武汉，在武汉大学数学系借读，1939年毕业并换发齐鲁大学毕业证书。1954年调到兰州西北师范学院数学系任讲师。在此期间认识了中算史专家李俨。在李先生的热情关怀与支持下，他力译《数书九章》写成《数书九章新释》（后称《新释》）一书。经李俨先生推荐，1956年10月列入科学出版社出版计划。李迪先生评价："王先生的《新释》是一部严肃的、有很高学术水平的学术著作，他对《数书九章》的研究下了很大功夫，把所有难懂的术语和解算过程都按原书的段落详加解释，将书中的成就和精华清楚地呈现在读者面前。"也许因为1957年的错案，该书的出版计划撤销，"出版"一事第一次落空。1964年中华书局又把《新释》列入出版计划，不知何故"出版"第二次落空。

改革开放以来，中算史界犹如"春风又绿"，呈现出一派欣欣向荣的景象：学术会议不断，研究成果累累。特别是在吴文俊、白尚恕、沈康身、李迪、李继闵诸位先生的筹划和参与下，《中国数学史大系》出版，这是我国数学界的一项基础建设。

在这频繁的中算史研究活动中，李迪先生根据以前的一点淡薄印象，一直在寻访《新释》书稿的下落。通过多方努力，终于找到了王先生的《新释》遗稿，并写了《〈数书九章新释〉和它的作者王守义先生》作为代序，由孙述庆先生执编，安徽科技出版社出版，使王先生三十年前三十五万字的劳动成果终于能贡献社会，并以此告慰王老。

俞润汝先生阅读本书第一版以后，盛赞王、李、孙三位的贡献，来信说道：

> 关于王守义先生生前所为，李迪先生寻访遗稿，安徽出版界如此竭力钩沉国古中学，均体现了古道热肠，其学术、人格深为我等钦敬。时值五十周年（1957~2007）之际，特作诗祭念。

一

　　　　守义先生研古珍　《数书九章》译今文
　　　　弘扬秦氏先知绩　培柢中华数学根

二

　　　　不幸而逢时疫瘟　难逃在数右群昏
　　　　青箱遗籍今朝发　万古芳香王氏尊

感谢俞润汝先生对本书的关爱和对中国算学的关心。

读读练练　　**练　习　题**

表望方城

问敌城不知广远。傍城南山原林间望之，林际有木二株，南北相去一百六十步，遥与城东方面参相直。于二木之东，相对立表，表间与木四方平。人目以绳准之，人自东表后，向西行一十步，望城东北隅，入东前表一十五步。又望城东南隅，入东前表四十八步强半步，里法三百六十步。欲知其方广及相去几何？

答曰：城方广各一十一里二百二十步三十一分步之二十

选自《数书九章新释》

提示：如图 48-3，图 48-4，求 x, y。

$$\frac{y}{h} = \frac{h-b}{b-d}$$

$$y = \frac{h(h-b)}{b-d}$$

$$\frac{x+y}{h} = \frac{h-a}{a-d}$$

$$x = \frac{h(h-a)}{a-d} - y$$

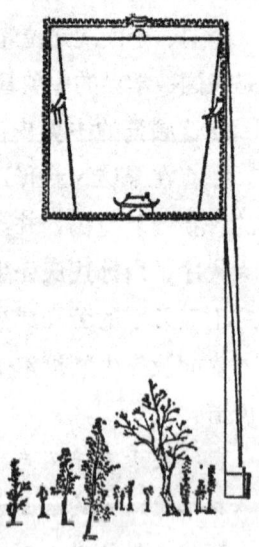

图 48-3

48 遥度圆城

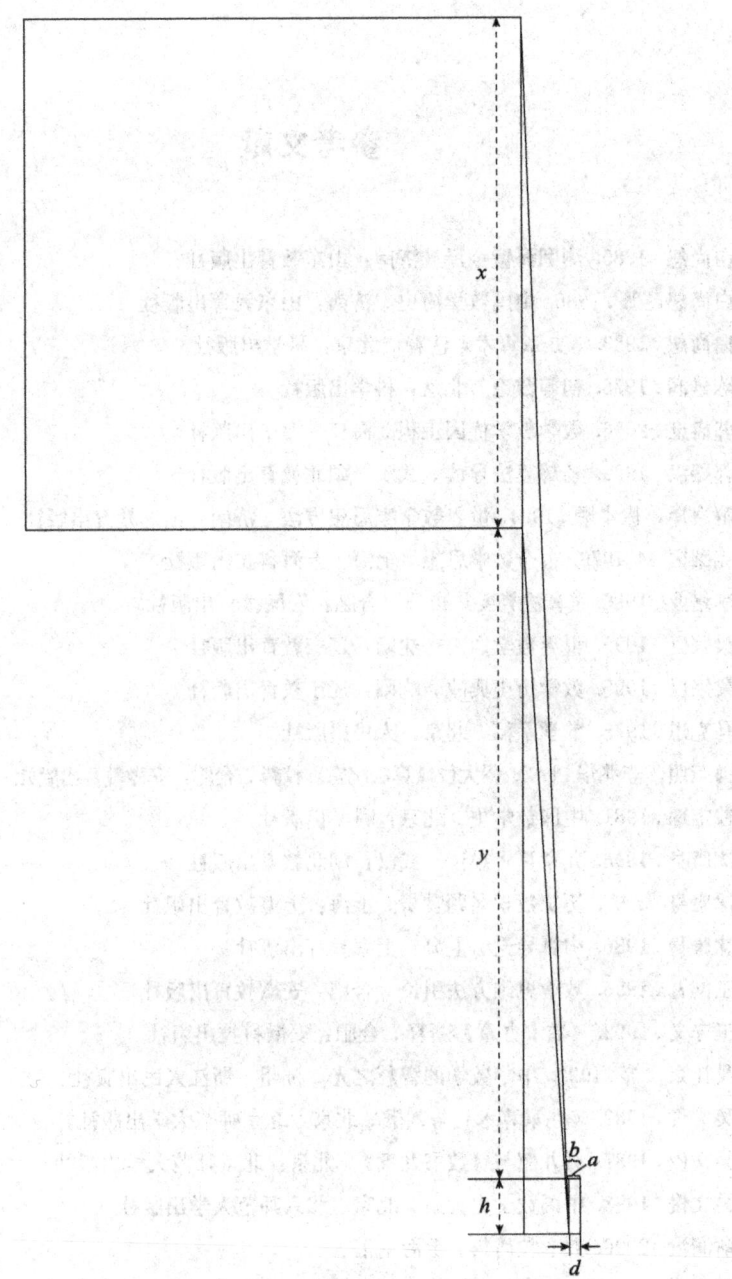

图 48-4

参考文献

白尚恕.1985.测圆海镜今译.济南：山东教育出版社
白尚恕,等.1986.中国数学简史.济南：山东教育出版社
白尚恕.1983.《九章算术》注释.北京：科学出版社
陈景润.1978.初等数论.北京：科学出版社
郭启庶.2006.数学教学优因工程.海口：海南出版社
郭熙汉.1996.杨辉算法导读.武汉：湖北教育出版社
解恩泽,徐本顺.1994.世界数学家思想方法.济南：山东教育出版社
克莱因 M.1979.古今数学思想.上海：上海科技出版社
李培业.1986.《算法篡要》校释.合肥：安徽教育出版社
梁宗巨.1995.世界数学通史.沈阳：辽宁教育出版社
梁宗巨.1995.数学历史典故.沈阳：辽宁教育出版社
马克思.1975.数学手稿.北京：人民出版社
梅荣照,李兆华.1990.程大位《算法统宗》校释.合肥：安徽教育出版社
钱宝琮.1981.中国数学史.北京：科学出版社
沈康身.1996.九章算术导读.武汉：湖北教育出版社
沈康身.2002.历史数学名题赏析.上海：上海教育出版社
沈康身.1986.中算导论.上海：上海教育出版社
王健吾.1996.数学思维方法引论.合肥：安徽教育出版社
王守义.1992.《数书九章》新释.合肥：安徽科技出版社
吴让泉,等.1992.中华数学的智慧之光.杭州：浙江人民出版社
吴文俊.1982.《九章算术》与刘徽.北京：北京师范大学出版社
吴文俊.1987.秦九韶与《数书九章》.北京：北京师范大学出版社
吴文俊.1998.中国数学史大系.北京：北京师范大学出版社
俞润汝.2006.数学粒屑集.上海南汇
袁小明,胡炳生,刘逸.1999.中华数学之光.长沙：湖南教育出版社

附 录

谈谈珠心算教育和改革[*1]

偶闻要召开"纪念程大位逝世 400 周年"会议，非常高兴，即邀黄澍、汪亚森老师，合写了《纪念与思考》一文，目的是回忆过去，说一说余介石、胡术五、黄澍等寻访程大位故居的鲜为人知的事迹，介绍一下黄山市珠算教育活动的情况，希望往事不要如烟。没有想到该文还被选进《论文集》，更高兴的是会上见了许多老朋友，郭启庶、胡炳生、李文林等同志，称他们为"同志"而不称教授，是因为我们都有"重振中华珠算"的共同志向。还见到 1994 年在"黄山国际珠算理论研讨会"上一起研讨过的世界珠算心算协会副会长叶宗义先生和马来西亚的张罗尼先生。各位为珠算教育所做的努力令人钦佩。特别是老友郭启庶教授所做的深入、扎实的工作，使我惊讶，近八百万字的巨著《数学教学优因工程》（简记为《优因工程》），遍览世界，纵观古今，评各家之长，陈中算之优，简直是当代的《统宗》，也是一本新世纪数学教育学。书中提出了改革现代数学教育的新思想、新理论、新结构、新方法。我虽然没有深入学习，但赞同他的思想，看到了发展方向，把我原来的"不要把算盘丢掉"的思路又提高到一个新的境界。宋亚飞先生的读后感语不是夸张之词，只有"优选中西数学基因，创建数学教育'高速公路'"才能在数学基础教育中真正体现当今"以人为本"的建国方针。

一、古徽州珠算教育点滴

徽州是程大位的故乡，也是徽商故里，重商重教是历史传统。徽州

---

[*] 这是我"九五"期间申报世界银行贷款项目《珠数结合改革低幼儿童数学教育》课题实验情况的一个报告。珠算作为计算工具，必然退出历史舞台，但作为进行低幼儿童数学基本运算的教具，还是大有可为的。希望记住周总理的一句话："不要把算盘丢掉。"

人"精于算数，袖里乾坤"恐怕是世人公认的。特别是程大位《算法统宗》《算法纂要》出版后，真是"莫不家藏一部"。50年代我来屯溪工作时，旧书店里比比皆是。1986年筹建程大位纪念馆时，我和黄澍老到休宁很容易就找到明万历版《算法纂要》和清康熙版《算法统宗》。据老人们说，清末民初私塾里都要教算盘的，有的家庭甚至请商店里的老店员教。黄澍的算盘就是请当铺里的老先生教的。农村里文盲和家庭妇女会打算盘的很多。我从"徽文化研究所"找到三本手抄的古算书，从内容看，不是抄自《纂要》和《统宗》。其中不仅讲了珠算的四则运算，斤求两，飞归，田亩计算外，还有干支纪年和命运测算等，难以断定是什么年代的抄本。

在徽州，除了书上教授的算法外，民间流传的趣题算法也很多。屯溪一中汪亚森老师公布的《撞十数》一法就是很有价值的无诀珠算除法。早在1908年，汪亚森的父亲汪介眉先生在浙江当学徒，从歙县的同乡方老处学会了以乘代除的"撞十数"，此法的特点是：不用口诀，见子打子，只可意会，不可言传，熟练者运算速度远远超过归除。因其难学难懂，流传面不广。1959年时在安徽师范学院数学系学习的汪亚森公布了此法，并用现代的数学符号分析了算理。在那大跃进的年代，作为学生的研究成果影响颇大，编成了《撞十数》一书，由安徽人民出版社出版，《光明日报》《中国青年报》均作了报道。1964年我们曾将此法通过胡术五老师寄交余介石先生，余对此评价甚高，当即在油印的杂志《珠算》上发表。1986年在纪念程大位逝世380周年大会上，许多学者对此法也感兴趣，在安徽教育出版社总编孙述庆的策划下，重新修改出版，书名为《珠算撞十数新编》，李培业先生作序，并详细考据了此法的历史渊源。

二、JG334课题的实验情况

"九五"期间，我们申报了世界银行贷款"师范教育发展项目"改革研究课题《珠数结合改革低幼儿童数学教育》（编号JG334），由原徽州师专、徽州师范和黄山市珠算协会联合实施。实验的指导思想是：弘扬中华数学文化的优良传统，实践陶行知教育思想，促进小学数学教育现代化。实验的基本方法是：珠数结合，手脑并用，教学做合一。

课题组分"教育实验组"和"心理测试组"，确定屯溪大位小学、祁门阊江小学、歙县富惠小学、徽师附小和歙县示范幼儿园,并选定黄山风景区幼儿园为对照班,共有实验班级56个,学生2422人,实验教师77人。在实验学校的启动下,驻军80302部队幼儿园,绩溪临溪小学、黄山区耿城中心小学等20多所,共5000多人接受教育,构成了遍布全市及相邻地区的实验网络。

为了搞好教学,课题组编了《珠心算教学大纲》《珠心算教学指导》《珠心算启蒙教学手册》《拨拨算算》(练习册)等教学参考资料。编写中力求适应低幼儿童的心理特点,文字通俗,既适用于教学,也适用于家长辅导,先后印制六千册迅速售完。

课题组坚持实验教师不培训不上岗的原则,除组织部分教师赴外地参观学习外,还组织了三次大型培训活动共有347位教师受训,特别是1997年8月与浙江三算培训中心联办的培训活动规模最大,共286人,来自全国各地教师124人,本市教师162人,实验之所以能在广大农村推开,靠的是这些教师。

为了检阅教学成果,丰富教学内容,我们举办了低幼儿童珠心算竞赛。分幼儿组和小学一年级组,平均年龄5.4岁,最小的4岁,分两场每场30分钟,完成听数记数、看数记数、听数心算、看数心算,一位、二位、三位多笔加减运算,看图列式计算及应用题等90道题。这场比赛充分显示了儿童注意力集中、思维敏捷、计算迅速的超常功能,数百人在现场观看,博得家长和社会的热情称赞。

心理测试组制订了比较周密的检测方案,幼儿组平均年龄5周岁,儿童组(一年级)平均年龄6.5岁,设置了实验组和控制组,家庭环境、智能状况、年龄、教学条件相近或相似的对象进行跟踪测试,采用《麦卡锡幼儿智能量表(MSCA-CR)》和《瑞文智力表(CRT)》,具有较高的信度和效度。

测试结果表明,没有开展珠心算教学前,幼儿园和一年级学生在智能水平上无明显差异($P>0.05$),而一年后的结果表明,实验组较控制组有明显提高。幼儿组存在显著性差异($P<0.05$)一年级组存在极其显著性差异($P<0.01$)。

这个项目得到了中国珠算协会和安徽省珠算协会的大力支持,中国珠算协会会长朱希安先生非常关心课题实验,他说,珠心算项目得到世界银行支持的不多，所以特派郭启庶教授为本项目结项验收的首席专家，国家教委世行贷款项目专家组组长、南京师大副校长屠国华教授和安徽省教委顾问王世杰先生也参加检查验收，他们奔赴城乡，逐校检查，一致认为实验成功，值得推广。

三、用科学发展观指导珠算教改

1. 从古徽州的珠算流传情况和我们的教学实验看，作为珠算的数学还比较好学，是真正的"人人都能学会的数学"，是有价值的、必需学的数学，符合课程标准的理念，其普及速度之快，是任何行政力量所难以办到的，而今天珠心算教学实验效果之好，也是所有家长都认可的。别的国家正在为小孩运算能力之差而"头痛"时，我们的小神算手比比皆是。这是为什么呢？郭启庶同志的"优因论"找到了根本，尽管过去直观地感到有一种说不清的因素在发挥作用，现在破了题了，就需要集中力量做好这个课题。

郭启庶同志提出的这一思想，是符合科学发展观的要求的，是在全面分析世界数学教育发展历史和现状的基础上，总结我国数学教育的经验教训，深入分析珠算的应用优势、珠算活动、三算结合教学中的积极作用而提出的具有战略意义的思想。这个思想要能感动"上帝"，普遍实施，还有许多工作要做。

2. 扩大试点，以点带面。本文介绍 JG334 课题实验的情况，就是想说一说教训。课题申报前，徽州师范在实践陶行知生活教育思想，进行教学做合一的改革试验，在各个中心小学里搞珠心算，同时，省市珠协在大位小学和阆江小学也在搞珠心算教学。我们利用世界银行贷款的东风，把大家组织起来，重新布局，在一些著名的风景区都布上点，联点成片，实行大学、中师、小学三方面的专家、老师联合指导，效果很好，社会影响也大。问题是结项以后，因种种原因，不能继续下去，教材、教参的编写均中途而废，其后，许多小学仍在试验，但指导力量和经费都感不足。要把珠心算的实验搞好，要搞大联合，扩大试点，合理布局，特别是在全国有影响的地区要办好样板，要用"愚公移山"的精神来推动实验。

3. 要写好当代的《统宗》。现在，搞珠心算的小学很多，教材、教学心得也发表了不少，我虽然没有很好地学习，但感到缺乏"统"。郭启庶教授的《优因工程》已经为此奠定了基础，听说实验学校的教材也编到五年级了，完成"统"的任务该不是很难了。据我观察，现在的试验面很广，指导思想也不完全一致，但不能"各吹各的号，各唱各的调"，郭启庶同志提出"珠算与电子计算机原理、运算机制一致、算法相同、语言相应、程序相当、算法技能技巧可以共享"，这应该是统的思想基础，特别是从基因分析着手，把珠算符号化、模型化的思想上升到理论，用于教学实践之中。另外，也要广集民题，研究算法集，各家之长，扬传统之优，创教学之新。歌谣形式的古算题是先人为提高儿童学习数学的兴趣而创造的，应广为搜集，改造提高。在《优因工程》有大量民间趣题，集之不易，失之可惜。另外，重要的、有用的古算法，也需要改造提高，古为今用。例如，汪亚森先生公布"撞十数"法，也还值得进一步研究。当初，我们把它归纳成两句歌诀"乘几得几商是几，撞余过十加撞数"，除法就可通行无阻，而且算法、程序、语言都和计算机相似。特别是他可以应用任何进位制，在二进制上更为简便。我曾用此法算陈景润《初等数论》中的二进制除法题，其简捷程度超过陈的传统算法。还有一些中算古法，也需要在这一思想的指导下改造、创新，如更相减损术、渐近分数的算法、方程术、大衍求一术等。凡此等等都在呼唤新世纪的《算法统宗》和《算法纂要》。

4. 珠算在开发儿童脑力潜能方面还有许多问题要深入观察、分析、测试、研究。我在 JG334 课题的实验小结中曾写过这样一段感受："有人提出了一种有关数学直觉思维的模式，认为人类的认知活动在大脑里产生两个空间，知识空间和直觉空间。数学直觉就是直觉空间对知识空间的作用。我们的珠数结合，手脑并用，正是这两个空间的交互作用，促成了运算能力的提高。

事实上，人们长期从事数学认知活动，深入思考一些问题时，往往需要构建一些模型或者设想一些图像。这些图像和中国的传统绘画相似，'可以区分出形似和神似两种韵味。如果仅是形似，直觉品味出的数学旨趣并不算高，他只表明人们和数学事实在硬性接触方面达到了某种程度。倘如达到神似境界，人们对数学精神已有了具体感受，可以说进入了数学领域的软性领域'。从手算到脑算，也是从一个侧面反映了这软硬升华的过程。"关于这方面进一步的探讨，尚有待继续。

5. 算盘要精制，从计算工具、教具的地位提升，做成有历史文化价值的珍品。在财务处见到会计的桌上放了一把老式算盘，引起一番感慨。它不仅是一个算具，是一件艺术品，而且是一件珍贵的文物。可以想象，如果一个大老板的桌上放一把高档的紫檀木大算盘，其高雅程度远远超过计算器和手提电脑。在纪念程大位逝世四百周年的论文集里看到内蒙古师大罗见今先生的文章，他论证了珠算是非物质文化遗产，并且说"科学界、教育界、珠算界一定要齐心协力、抓紧时间，组织专家、认真研究、协同攻关，为顺利成功申报珠算为国家级和国际非物质文化遗产而不懈奋斗。"这是一件非常有意义的工作，需要齐心协力去争取。

我对珠算和珠算教育没有深入研究，严格地说，还是外行，出于对珠算的爱好和珠算教育的关心，谈一点不成熟的看法，请大家指教。

2006年11月

附：JG334实验课题照片1张

专家组在棠樾小学听课后留影

鉴定会合影

心理素质测试

实验教师互相观摩

一年级老师上珠心算课

一年级学生学珠心算